蜜蜂产业 从业指南 丛书

病敌害防治指南

◎ 陈大福 吴忠高 主编

中国农业科学技术出版社

图书在版编目(CIP)数据

蜜蜂病敌害防治指南／陈大福，吴忠高主编．—北京：中国农业科学技术出版社，2014.1
（蜜蜂产业从业指南）
ISBN 978-7-5116-1451-3

Ⅰ.①蜜…　Ⅱ.①陈…②吴…　Ⅲ.①蜜蜂饲养-病虫害防治-指南　Ⅳ.①S895-62

中国版本图书馆 CIP 数据核字（2013）第 278837 号

责任编辑　闫庆健　胡晓蕾
责任校对　贾晓红

出 版 者　中国农业科学技术出版社
北京市中关村南大街 12 号　邮编：100081
电　　话　(010)82106632(编辑室)　(010)82109704(发行部)
(010)82109709(读者服务部)
传　　真　(010)82106625
网　　址　http://www.castp.cn
经 销 者　各地新华书店
印 刷 者　北京华正印刷有限公司
开　　本　710mm×1 000mm　1/16
印　　张　12.25
字　　数　217 千字
版　　次　2014 年 1 月第 1 版　2015 年 3 月第 2 次印刷
定　　价　22.00 元

《蜜蜂产业从业指南》丛书

编　委　会

《蜜蜂病敌害防治指南》

编　委　会

主　　编： 陈大福　吴忠高

副 主 编： 李海燕　梁　勤　王　强

参编人员：（按姓氏笔画排序）

王　强　付中民　李文艳

李海燕　吴忠高　陈大福

梁　勤　熊翠玲

《蜜蜂产业从业指南》丛书

总　序

我国是世界第一养蜂大国，也是最早饲养蜜蜂和食用蜂产品的国家之一，具有疆域辽阔，地形多样等特点。我国蜜源植物种类繁多，总面积超过3 000万公顷，一年四季均有植物开花，蜂业巨大潜力待挖掘。作为业界影响力大、权威性强的行业刊物，《中国蜂业》杂志收到大量读者来函来电，热切期望帮助他们推荐一套系统、完善、全面指导他们发展蜂业的丛书。这当中既有养蜂人，也有苦于入行无门的“门外汉”，然而，在如此旺盛的需求背后，市场却难觅此类指导性丛书。在《中国蜂业》喜迎创刊80周年之际，杂志社与中国农业科学技术出版社一起策划出版了这套《蜜蜂产业从业指南》丛书。

丛书依托中国农业科学院蜜蜂研究所及《中国蜂业》杂志社的人才和科研资源，在业内专家指导、建议下选定了与读者关系密切的饲养技术、蜂病防治、授粉、蜂产品加工、蜂业维权、蜜蜂经济、蜂疗、蜂文化、小经验九个重点方向。丛书联合了各领域知名专家或学科带头人，他们既有深厚的专业背景，又有一线实战经验，更可贵的是他们那份竭尽心力的精神和化繁为简的能力，让本丛书具有较高的权威性、科学性和可读性。

《蜜蜂产业从业指南》丛书的问世，填补了该领域系统性丛书的空白。具有如下特点：一是强调专业针对性，每本书针对一个专业方向、一个技术问题或一个产品领域，主题明确，适应读者的需要；二是强调内容适用性，丛书在编写过程中避免了过多的理论叙述，注重实用、易懂、可操作，文字简练，有助掌握；三是强调知识先进性，丛书中所涉及的技术、工艺和设备都是近年来在实践中得到应用并证明有良好收效的较新资料，杜绝平庸的长篇叙述，突出创新和简便。

我们相信，这套丛书的出版，不仅为广大蜂业爱好者提供了入门教材，同时，也为蜂业工作者提供了一套必备的工具书，我们希望这套丛书成为社会全面、系统了解蜂业的参照，也成为业内外对话交流的基础。

我们自忖学有不足，见识有限，高山仰止，景行行止，恳请业内同仁及广大读者批评指正。

吴杰

2013 年 10 月

前　　言

我国是世界养蜂大国，蜂群饲养量和蜂产品产量均居世界第一位。养蜂作为一条农民就业致富的途径，仍有很大的推广空间。但对于养蜂员尤其是初学者而言，蜜蜂病敌害的防治往往是一件关键且棘手的问题，稍有疏忽就会造成重大损失，这也是制约我国养蜂业发展的重要因素之一。再由于目前人们对食品安全问题日益重视，所以在蜜蜂病敌害的防治上控制药物残留，生产出安全的蜂产品已成为刻不容缓的事情。

本书是在梁勤、陈大福编写的《蜜蜂保护学》的基础上，调整内容和结构编写而成。全书共十章，其主要内容既有浅显易懂的基础理论知识和防治的基本原理，又有切实可行的诊断方法和防治措施，还有蜜蜂病敌害研究和防治的新成果、新理念，尤其是对农药和抗生素在蜂群中的科学运用，有效控制药物残留，保证蜂产品的安全提出了新的思路和方法。

本书编写突出实用性和通俗性，力求做到让广大蜂农看得懂、用得上，希望能够成为蜂农增产增收、脱贫致富、更新观念的技术指导用书，成为蜂农的良师益友。本书也具有较高的科学性，可为养蜂专业户、大型蜂场技术人员、养蜂科技工作者以及农业院校相关专业师生提供参考。

由于作者水平和时间所限，仍可能会有一些错误和遗漏之处，敬请广大读者批评指正。

编　者

2013 年 9 月

目　　录

第一章

蜜蜂病敌害及其概况

第一节　蜜蜂病敌害的概念

一、蜜蜂病害的含义

在蜜蜂群体生态中，蜂群与蜂群、蜂群与蜜蜂个体、成年蜂与幼虫、外勤蜂与内勤蜂、三型蜂相互间、每个蜜蜂个体间以及它们与外界环境因素，其他生物因素之间存在着错综复杂的关系，并且在一定时间、空间和条件下，或者相互关联，或者相互制约。而疾病，则是相互制约关系中的一个典型。

疾病是一个过程，代表着生物体对损伤与损害的客观反应。生命机体在长期的进化中，对外界的各种刺激都有一定的适应范围，若外界的刺激超过了机体正常的自身调节能力，扰乱了机体正常的生理功能及生理过程，就会产生功能上、结构上、生理上或行为上的异常，这些异常即为疾病。与疾病相对而言的健康，即意味着机体调节的最适状态，健康是从理论和经验上得出的。

蜜蜂和其他生物一样，在长期的进化及人为的选择下，形成其固有的种群生物学特性，对周围的生物或非生物因素有了一定的适应范围。如果周围的这些因素发生了剧烈变化，其作用超过蜜蜂蜂群和个体的适应与调节能力的限度，那么蜜蜂的正常代谢作用就会遭到干扰和破坏，其生理机能或组织结构、行为就发生了一系列的病理变化，表现出异常即病态，甚至死亡。

引起蜜蜂发病的原因通称为病原（pathogeny），包括生物因素与非生物因素。对蜜蜂具病原性的主要生物是病毒、细菌、真菌、原生动物等微生物和昆虫、螨类、线虫等寄生动物。成为病原的微生物称为病原体（pathogen），病原体进入新的寄生状态的过程称为感染（infection）。由病原微生物引起的病原疾病称传染病（infectious disease）。由寄生动物或原生动物引起的疾病称寄生虫病（parasitosis）。疾病引起的体内结构的变化及其规律则称为病理（pathology）。

所有的病原体都是寄生物，但并非所有的寄生物都是病原体。寄生物和寄主的关系是敌对的还是非敌对的，不仅取决于两者的组合，而且也受到寄主周围生态环境的影响。对寄主加以强的应激（stress）时，通常不能成为病原体的微生物亦能引起发病，或使某些潜伏状态的病原体活化，或使某些致病性弱的微生物变成致病性强的，毒性弱的变成毒性强的。作为激原（stressor）而起作用的是某些理化因素的刺激、伤害或缺食、绝食、异常的饲料等。

二、蜜蜂敌害的含义

蜜蜂的敌害指的是以蜜蜂躯体为猎食对象的其他动物；骚扰蜜蜂正常生活；毁坏蜂箱、巢脾的动物；与蜜蜂在食物和其他的在同一生态位竞争的动物。

第二节　蜜蜂病敌害防治的发展

一、蜜蜂病敌害防治发展简史

蜜蜂病害及其防治学说创立于20世纪，在这以前，人类虽然不知道蜜蜂病害的病原，可是对蜜蜂病害的观察和描述已有不少的记载。在动物史上，蜜蜂可能是第一个有疾病记载的无脊椎动物。公元前4世纪，亚里士多德在其著作中曾描述类似今天的蜜蜂幼虫腐臭病的观察。甚至在亚里士多德以前，希腊的古老神话中也叙述阿波罗神的儿子，因蜂群得病而求助海神帮助的故事，可见人类对蜜蜂病害的认识非常悠久。

18世纪和19世纪，自然历史科学发展迅速，研究技术也获得很大改进，特别是法国著名学者巴斯德创立传染病的病原菌学说以后，蜜蜂病害的研究得到迅速的发展。前苏联著名养蜂实验家们在研究蜜蜂幼虫腐臭病及其防治措施方面作出了很大贡献，详细描述这种病害的症状。而且提出了蜜蜂幼虫腐臭病的防治方法，并强调了把病群移到新蜡制造的巢脾和干净的蜂箱里对于减轻病害发生的重要性。

波兰著名研究者Dzierzon（1882）描述了两种类型的幼虫腐臭病。随后，Cheshire & Cheyne（1885）对这两种类型腐臭病的病原做了比较研究。

20 世纪初，苏联著名微生物学家 K. A. Jopoazeb 报道了蜜蜂孢子虫病，首次研究腐臭病的传播性。1930 年，德国学者鉴定出蜜蜂白垩病的病原菌。同年，苏格兰研究者发现寄生于蜜蜂气管的螨类。

20 世纪 40～50 年代以来，国外在蜜蜂病害的治疗上取得很大进展、广泛采用磺胺和抗生素，对蜜蜂幼虫腐臭病和其他病害的防治起了一定的作用。

进入 21 世纪，由于人们对环境和食品安全的日益重视，蜂群中使用抗生素又受到严格的控制，蜜蜂病、虫、敌害的控制也与时俱进，发展了相应的防治理论和防治的措施，从而满足人们对蜂产品质量安全的需求。

综上所述，可以清楚地看到，有关蜜蜂病害的研究直到近世纪才得到迅速发展，相继发现了许多蜜蜂病害的发生并找到有效的防治措施，对世界养蜂业的发展起了很大作用。

我国养蜂业历史悠久，在蜜蜂饲养管理和疾病的防治过程中，也积累了极其丰富的经验。从宋代开始，就记载了对蜜蜂的敌害如蜘蛛、蚂蚁、蛇、雀、蝙蝠、狐狸等的防治。元代名士刘基所著的《郁离子・灵丘丈人》一书也记载了如何防治蜜蜂敌害的经验和措施。

20 世纪初，中国近代养蜂先驱引进了西方蜜蜂（*Apis mellifera*）和活框养蜂技术，促进了养蜂业的迅速发展。但在西方蜜蜂的引进和活框养蜂技术推广过程中，由于对蜜蜂病害缺乏认识和引种的盲目性，造成蜜蜂幼虫腐臭病的蔓延，全国养蜂业又很快进入低谷。为挽回损失，当时国民党政府采取一些措施，加强检疫和蜂场管理，对养蜂生产的恢复起到了一定的作用。但是，由于连年战乱，百业凋零，我国的养蜂业同样发展受阻，呈现停滞状态。因此，蜜蜂病敌害的防治研究基本上处于空白。

新中国成立以后，由于政府的重视，朱德委员长题词并亲自为国家级的蜜蜂研究所选址，我国养蜂业得到稳步发展，蜜蜂病虫敌害的防治也得到各级政府和有关业务部门的重视和支持。蜂学专业研究机构从无到有，从小到大，并与地方通力协作，初步形成了中国蜜蜂病害防治体系，在蜂螨、囊状幼虫病、蜜蜂爬蜂综合征、蜜蜂白垩病、巢虫、胡蜂等蜜蜂病虫敌害的基础研究和综合防治技术方面，均有创新和突破，取得了很大成绩。

虽然如此，新中国成立后的中国养蜂业也经历了二次严重的病虫灾害。20 世纪 60 年代前后，我国相继发生大、小蜂螨的危害，造成我国西方蜜蜂惨重的损失，养蜂业濒临崩溃。20 世纪 60 年代初，中国农业科学院蜜蜂研究所、福建农林大学等协同全国有关单位，对蜂螨的生物学和防治理论与方法进行了大量的研究，确定蜂螨的最佳防治期及防治方法，并开发多种高效、省工、省时的杀螨剂，有效控制了蜂螨的危害，我国成功控制蜜蜂螨害的成果，引起国外养蜂专家、螨类研究专家的重视，多次来我国考察，我国的蜂螨控制理论和措施为世界蜜蜂螨害的控制作出了较大的贡献。

20 世纪 70 年代初，我国南方诸省暴发流行中华蜜蜂囊状幼虫病，并迅速向北扩散蔓延，严重威胁中华蜜蜂（*Apis cerana cerana*）的生存。为迅速控制病情的发展，广大科研工作者与养蜂员密切配合，在南方 7 省成立中华蜜蜂囊状幼虫病防治协作组织，定期交流防治经验，在抗病育种、药物筛选、饲养管理等综合防治方面做了大量工作，提出了抗病育种、药物防治、加强保温、蜂具消毒，结合饲养管理的综合防治措施，使病害的流行迅速得到控制，较快地恢复了生产。

20 世纪 80 年代，我国首次发现蜜蜂死蛹病新病毒，研究了病毒形态、理化性状，并提出了一套综合防治措施。

20 世纪 90 年初代发生于长江流域的严重的爬蜂综合征，给我国西方蜜蜂的饲养又带来极大的冲击，始发时期，发生地蜂群死亡率高达 60% ~ 70%，全场死亡的蜂场也不鲜见，据浙江省 1993 年不完全统计，蜂群死亡严重，损失达亿元人民币，间接损失达数十亿元人民币。我国科技人员发扬协作互助的精神，很快查明病原及流行规律，提出科学合理的防治措施，在短短的 2 年时间里就基本控制了病害，蜂群数及养蜂生产迅速回升。同时期蜜蜂白垩病的发生及流行也得到了迅速的控制，目前，已将病害控制在一个较低的发生水平。

在胡蜂、巢虫等蜜蜂敌害研究上，福建农林大学和贵州屏南畜牧研究所、广东昆虫研究所等做了大量工作，为开展科学防治寻找理论与实践依据。

在开发茶花蜜源上，我国广大养蜂科技人员也做了许多探讨，通过研究提出引起蜜蜂中毒的原因及解救措施，打开茶花的放蜂禁区，成功地利用蜜蜂为茶树授粉。1985 年，中国农业科学院养蜂所的“我国南方茶花蜜的采集利用和防止蜜蜂茶花蜜中毒技术”获得国家科学技术进步三等奖。

此外，由于努力贯彻“以防为主，综合防治”的蜂保方针，对蜜蜂许多常见的病害如微孢子虫病、蜜蜂麻痹病、蜜蜂幼虫腐臭病等的防治也取得重大进展。

进入 21 世纪，随着分子生物学的发展，蜜蜂保护学进入了新的发展阶段。我国的科技人员，在蜂螨的分类、蜜蜂球囊菌等基础研究以及新型杀螨剂的研制、开发上都取得了较大的成绩。

但是，我们应该看到，我国蜜蜂病虫敌害防治也存在不少问题。一些主要病虫害如中蜂囊状幼虫病虽已控制，但近年来有反复现象，特别是新区的蜂群仍存在很大的威胁，新毒株的出现更给我们提出了新的课题。爬蜂综合征、蜜蜂死蛹病、蜜蜂白垩病的防治还未得到彻底的解决。蜜蜂检疫制度也亟待健全，随着蜂群转地的日益增多，各种病害的流行和新病害流行的可能性仍然存在。南方果园的蜜蜂农药中毒现象仍十分严重，摆在我们面前的研究和防治任务仍十分艰巨。

现在，摆在我们面前最重要的问题不仅仅是疾病的控制，还有在控制疾病的同时保持蜂产品的食用安全。在21世纪，人类对食品的安全性日益重视，过去的许多蜜蜂疾病的防治措施已不能适应新的要求，如何安全地控制蜜蜂疾病，使蜂产品中对人类有害的物质降到最低，是目前研究的重点与热点。

二、蜜蜂病敌害防治的重要性

蜜蜂是营社会性生活的昆虫，与其他生物一样，当外界环境因素发生变化，群体内所有个体都会发生反应。从而导致蜜蜂行为的不正常，最终表现出群体的病态和个体的死亡。若饲养管理不当，不仅会影响蜜蜂正常生活，相反会导致蜂群出现各种病态。

蜜蜂的病、虫、敌害是严重影响养蜂生产的自然灾害。一旦发生，轻则造成蜜蜂体衰群弱，影响蜂产品的产量、质量和蜜蜂为农作物的授粉，重则造成蜂场毁灭及蜂业破产。

蜜蜂每年因病虫敌害和农药中毒造成的损失是严重的。第二次世界大战前，世界养蜂业遭受传染病危害最大的当属幼虫腐臭病。20世纪50年代以来，随着植物病虫害防治的发展，农药的使用越来越普遍，给养蜂业带来越来越严重的威胁，每年由于农药中毒的蜂群数超过其他病虫敌害所造成的蜂群损失。我国从20世纪50年代末开始，蜂螨从原寄主东方蜜蜂传播到西方蜜蜂，给西方蜜蜂的饲养带来沉重的打击。目前螨害已成为世界养蜂业的突出问题。

由于蜜蜂生物学的研究相对落后，对蜜蜂与环境及病害相互依存和相互制约的规律认识不足。至今，蜜蜂病害的防治仍多数依赖药物治疗。又因为盲目使用药物，蜜蜂病害的防治还出现一些令人忧虑的问题：病原抗药性的增强，使药物治疗效果越来越差；药物的大量使用，不仅易使蜜蜂中毒，而且污染蜂产品，给食品安全带来危害，影响人类健康。因此，蜜蜂病害防治，应当从整个蜜蜂生态系统出发，摸清蜜蜂发病原因及其发病规律，以便采取抗病育种、合理控制、技术免疫等行之有效的综合防治措施、真正达到有力控制各种病害发生的目的。

对于蜜蜂病虫敌害的认识，过去大多局限在对蜜蜂有直接危害的种类上，而对于间接危害蜜蜂的种类研究甚少。如流蜜季节，某些蛾蝶类会在一定程度上与蜜蜂发生食料竞争。不同种类的蜜蜂也会为有限的食料和活动空间而竞争排斥，如在同一地饲养西方蜜蜂和东方蜜蜂，两者间在采集、交尾等重要的活动中发生种间竞争，东方蜜蜂处于不利地位，同样造成对蜂群生长发育的不利影响。因此，研究蜜蜂保护学意义应更为宽广，一方面要控制直接危害蜜蜂的病虫害，另一方面要尽可能抑制对蜜蜂发展有间接危害的各种不利因素。

三、蜜蜂病敌害防治的发展方向

由于蜂群始终生活在蜂箱内，而且蜂产品又是营养丰富的食品和保健品，因此，蜜蜂的病、虫、敌害防治应以蜜蜂饲养管理为基础，蜜蜂检疫为前提，结合抗病育种、生物和物理防治措施，尽量少用或不用化学治疗来控制蜜蜂病虫敌害。

随着现代科学的发展，许多学科相互渗透日益加强，数学、化学、细胞学、生物学、昆虫生理学、微生物学、分子生物学、传染病学、药物学、药理学等学科迅速发展，以及防治学的高新技术不断地开发和应用，相信会给蜜蜂病、虫、敌害防治工作的充实与完善提供条件。

今后，蜜蜂病、虫、敌害防治工作的主要研究方向是，在继续总结推广前人行之有效的各种防治经验的同时，全面地从蜜蜂群体的生物学和生态学出发、开展并加速进行蜜蜂生物学、蜜蜂育种工程等研究，提高蜜蜂生理学、生态学、分子生物学、病理学、毒理学等学科水平，加强对引起蜜蜂病、敌害各病原的基础研究，加强对我国中草药宝贵资源的开发利用的研究；以整个蜜蜂群体生态系为依据，制定蜜蜂病虫敌害防治措施；不使防治工作过大地影响蜜蜂群体正常生活与生产者的利益，保持蜂产品洁净安全，使蜜蜂更有效地为农作物授粉，促进我国蜂业不断向前发展。

第二章

蜜蜂病敌害的分类

第一节 蜜蜂病害发生的原因和分类

一、蜜蜂病害发生的原因

研究疾病发生的原因，称为病因学（etiology）。病因学的研究对于分析疾病的性质、发展、转化和采取有效的预防措施具有极为重要的意义。能够引起机体损伤的因素，可分为物理因素、化学因素及生物因素。

1. 物理因素

物理因素包括机械创伤及温度、湿度、射线等，其作用的效值视剂量的大小，可使蜜蜂死亡，或受到不同程度的损伤。当虫体一旦受到了某种物理因素作用而受伤，往往自行修复后而得到恢复，但损伤过大则无法修复。

2. 化学因素

蜜蜂接触的化学物质主要是各种药剂和化学杀虫剂，化学杀虫剂对蜜蜂的作用属于毒理学的范畴。

3. 生物因素

生物因素有蜜蜂病原微生物（包括病毒、细菌、真菌、原生动物、线虫等）、寄生性及捕食性昆虫、遗传因素及营养因素等。病原微生物普遍感染昆虫，昆虫的全部种类，在一生中至少要遭受一个类群的微生物的感染，有许多种类甚至受到几个类群的微生物所感染（如蜜蜂）。在自然界，昆虫出生后，未达到成熟而死亡的，比例达80%～99.9%。昆虫受病原微生物侵染以后，出现一系列的病理变化。

二、蜜蜂病害的分类

国内各家持有各种不同的分类方法，归纳有下列几种：按疾病的病原；按临床症状和病理解剖的特征；按发病蜂的日龄；按发病季节。

按疾病的病原分类是较为合理而且是有根据的。这种分类是建立在客观存在的病原特征基础上，它可立即找出病害的病因，对确诊病害、制定防治方法提供基础条件。按此分类法，蜜蜂病害可分为：

1. 传染性病害

包括细菌病、真菌病、病毒病、原生动物病。

2. 侵袭性病害

包括各种寄生螨、寄生性昆虫、寄生性线虫等。

3. 非传染性病害

包括遗传病、生理障碍、营养障碍、代谢异常、中毒和行为异常等。

三、蜜蜂病害发生的特点

除昆虫病害发生的固有特点外，因为蜜蜂是以群体生活的社会性昆虫，其特点又有别于单独分散生存的昆虫。单独生存的昆虫其生物学特性都适应于单独生活，这种昆虫的疾病是指其具体个体。而蜜蜂其三型蜂都不适合单独在蜂群外生活。蜂王专司产卵并分泌王质维持蜂群工蜂的正常活动；工蜂专管抚育后代及蜂巢的营筑、清洁、蜂产品的采集、生产、蜂群的防卫；而雄蜂专作为遗传的“载体”，仅与处女王交尾传代。三型蜂互相依赖，缺一不可，因此其疾病是对整个蜂群而言的。在蜂群三型蜂中，任何一型蜂的发病，都将导致蜂群停止发展，都可以认为是整个蜂群发病了。

蜂王感病会立即削弱蜂群的实力。一是产卵力下降甚至停卵，蜂群无后继者，必将导致全群覆灭；二是王质的分泌受阻，有碍蜂群正常生活。若一旦失王，则使原来正常有序活动的蜂群变得混乱，引发蜂群独特的疾病——雄性化，即某些工蜂卵巢发育，孤雌生殖，俗称工蜂产卵，其后代发育成没有任何价值的雄蜂，最终也导致蜂群灭亡。

若占蜂群绝大多数的工蜂发病，不仅立即影响蜂群的内勤、外勤活动，群势也将日趋下降。蜂子感病，蜂群后继无蜂，同样会走向灭亡。

若雄蜂得病，蜂群缺少了另一半的遗传信息，处女王无法正常交尾，蜂群的繁衍同样受到制约。

四、蜜蜂病害的症状

症状（symptom）是表示疾病的任何客观的功能或行为的失常与变化。作用不同，蜜蜂感病的虫态、日龄不同，表现出的症状也有不同。但由于蜜蜂疾病的症状缺乏特异性，使得这些症状比脊椎动物疾病的症状具更小的诊断学意义。

常可见由种类性质差别极大的病原引起的无脊椎动物（蜜蜂）疾病产生相似症状的疾病，如细菌、原生动物、某些花蜜都能引起蜜蜂出现腹胀、不飞翔、爬行、下痢等症状。

蜜蜂各种疾病的症状大致可分为以下几类。

1. 腐烂

主要由于寄主的组织细胞受到病原物的寄生而被破坏，或者由于非生物因素使有机体组织细胞死亡，最终被分解成腐烂物。引起寄主细胞腐烂的病原体有细菌、真菌、病毒、螨类等；非生物因素引起细胞腐烂，如冻害、食物中毒等。病原细菌引起的腐烂常带有各种不同的腐臭气味，这是由于细菌的各种蛋白分解酶引起细胞蛋白质的脱羧作用，使氨基酸分解，产生胺类，以及含硫氨基酸被分解产生 H_2S，这些物质均有难闻的臭味；而真菌引起的腐烂则为干腐，即病虫死亡后，由于菌丝体大量生长，虫体水分被吸干，虫尸变得干、硬，表面被满真菌的子实体，无臭味；病毒病引起的腐烂更为特殊，因为病毒是专性的活细胞内寄生，病毒的增殖造成寄主的细胞崩解，而蜜蜂的表皮是由非活细胞构成的，病毒不予寄生，所以表皮是不会被损坏的，往往可见被病毒侵染的昆虫幼虫死亡后，完整的表皮包裹着内部完全腐烂的寄主的原组织。

2. 变色

蜜蜂感病后，不论虫态、虫龄，还是病原的种类，病蜂体色均发生变化。通常由明亮变成暗涩，由浅色变为深色。感病幼虫体色亦由明亮光泽的珍珠白色变成苍白，继而转黄变黑色。

3. 畸形

蜜蜂病害症状中的畸形，除了指肢体的残、缺外，还包括躯体的肿胀等偏离了正常的形态。常见的蜜蜂畸形有：螨害及高、低温引起的卷翅、缺翅；许多病原菌、原生动物等引起的腹胀等；遗传病引起的间性、雌雄相嵌等现象也属于畸形。

4. “花子”、“穿孔”

这是蜜蜂病害特有的症状。不是指病虫虫体的客观变化，而是蜂子感病后表现在蜜蜂子脾上的变化。正常子脾同一面上，虫龄整齐，封盖一致，无孔洞。而感病蜂子，则逐一被内勤蜂清除出巢房，无病的幼虫正常发育，蜂王又在清除后的空房内产卵，造成在同一封盖子脾的平面上，同时出现健康的封盖子、日龄不一的幼虫房和卵房或空巢房相间花杂排列的状态，谓“花子”。“穿孔”是指蜜蜂子脾巢房封盖，由于感病后房内虫、蛹的死亡，内勤蜂啃咬房盖后造成房盖上的小孔。熟练掌握蜜蜂病害的症状，对病害的诊断具有一定的参考价值。

五、蜜蜂疾病的传播途径

所有传染病，病原体的栖息地是第一个传染源。病原体从传染源侵入感受性个体的途径称传染途径（route of infection）。感受性（susceptibility）则是指机体易于受侵害物作用的状态，一个感受性个体即指对疾病不具备免疫力的个体。所有的病原体侵入机体后都有一个潜育期（incubation period），即病原体侵入或导入机体内建立寄主关系到传染性疾病症状出现时的一段时间。各种病原体的特性不同潜育期也不同。短的只需 1～2d，长的要 1～3 周。在潜育期内病原体大量增殖，以其自身的活动及所分泌的毒素或其他代谢产物破坏机体各个系统的正常机能，使机体偏离了健康状态，表现出症状。

病原体或寄生物在感受性个体中增殖后，再传染到其他感受性个体的途径称为传播途径。不同的病原体传播途径也不同，有的通过排泄作用，有的通过自然因素如风、水流、其他动物的活动等。

病原体在蜜蜂中的传播可分为以下几种。

1. 群内传播

即病原体在蜂群内各个体间的传播，其传播途径有两种，一为水平传播（horizontal transmission），指病原微生物借寄主的活动，如取食、排泄、吐液、流脓、躯体接触、飞翔等，通过伤口或经口引起同一群体内同世代或不同世代的不同个体间相互感染，不断重复感染循环。二为垂直传播（vertical transmission），指病原微生物侵染昆虫的生殖细胞或污染卵壁从亲代传递给子代的一种传播方式。

2. 群间传播

即蜂群间的病原体传播。主要是通过水平传播发生的，如工蜂、雄蜂迷巢，失王逃群，盗蜂和病、健蜂共同采集同一水源、蜜粉源。另外不恰当的合并蜂群，介绍蜂王、王台，病群、健群互调子脾、蜜粉脾，添加巢脾等管理措施，也是引起群间传播的重要途径。

第二节　蜜蜂的敌害

昆虫的敌害很多，本节主要介绍危害蜜蜂的一些敌害。

一、敌害的含义及发生特点

蜜蜂的敌害指的是以蜜蜂躯体为猎食对象的其他动物；骚扰蜜蜂正常生活；毁坏蜂箱、巢脾的动物；与蜜蜂在食物和其他的在同一生态位竞争的动物。

敌害攻击虽然时间短，但往往造成十分严重的损害，如一只熊一夜能毁坏数十箱蜜蜂，造成子、蜜脾毁坏，蜂箱破裂；两只金环胡雄蜂 2～3d 可咬杀4 000余只的外勤蜂；蜂场周围的蜂虎，可造成婚飞的处女王损失；一只小小的蟾蜍也可一口气吞食百余只外勤蜂；黄喉貂一夜出游，可使数箱至十几箱蜜蜂遭翻箱毁脾的灭顶之灾。所以对敌害要有充分的认识。特别是在山区，有时某种敌害的威胁高于病害的威胁，造成的损失也大于病害，千万不可掉以轻心。

二、敌害的分类

1. 昆虫及蜘蛛

昆虫纲的蜜蜂敌害主要有鳞翅目、膜翅目、鞘翅目、等翅目、啮虫目、捻翅目、半翅目、双翅目、缨翅目、脉翅目、直翅目、革翅目、脉翅目等13个目的昆虫种类，蛛形纲则包括蜘蛛目及伪蝎目等种类。

2. 两栖类动物

两栖类动物的蜜蜂敌害主要为蛙及蟾蜍。

3. 鸟类

鸟类的蜜蜂敌害主要的是蜂虎。

4. 哺乳类

哺乳类的蜜蜂敌害包括食肉动物如熊、黄喉貂、臭鼬等，啮齿动物如各种鼠类，食虫动物如刺猬等，食蚁动物及灵长类动物。

第三章

蜜蜂寄生螨及其防治

第一节　狄斯瓦螨（大蜂螨）

狄斯瓦螨（*Varroa destructor* Anderson & Tureman）属寄螨目，瓦螨科。别名：大蜂螨，蜜蜂体外寄生螨。

一、分布与危害

大蜂螨于1904年由奥特曼斯在爪哇的印度蜂（*Apis cerana indica*）上首次发现，1951年又在马来西亚、新加坡的印度蜂体上找到。1953年在前苏联发现大蜂螨，1964年在同一地区的西方蜜蜂首次发现大蜂螨。很快大蜂螨通过蜂群的转地饲养和相互接触迅速地扩散到前苏联的中部、西部和南部地区。1970年大蜂螨出现在保加利亚的西方蜜蜂上。20世纪70年代，大蜂螨延着前苏联西部边界线从东北往东南扩散，造成邻近国家的蜂群螨害严重，如芬兰、波兰、捷克、匈牙利、罗马尼亚、保加利亚、法国、土耳其、德国和伊朗。紧接着由保加利亚将大蜂螨传播到南斯拉夫和希腊，再由南斯拉夫传至意大利。以后欧洲大蜂螨通过蜂王和蜂群的出口扩散至北非（如阿尔及利亚、突尼斯）和一部分南美洲国家（阿根廷、巴拉圭、墨西哥）。80年代中后期，美国和加拿大先后发现了大蜂螨。至今，全世界除澳洲尚未报道大蜂螨危害以外，亚洲、非洲、欧洲、美洲地区都有大蜂螨危害的报道。

早期研究认为：大蜂螨起源于亚洲的东方蜜蜂，长期以来螨与寄主之间形成一种平衡关系，因而大蜂螨对当地的东方蜜蜂危害不大。20世纪初开始，由于大力引进西方蜜蜂替代东方蜜蜂，大蜂螨迅速从东方蜜蜂传播到西方蜜蜂，造成螨害发生。例如，1970—1973年，造成日本22%的蜂群死亡，58%的蜂群严重受害。有些国家如马来西亚、印度尼西亚、越南、阿富汗，由于大蜂螨的危害，几乎使西方蜜蜂无法生存。目前在亚洲有大蜂螨危害报道的国家还有巴基斯坦、印度、缅甸、泰国、菲律宾、朝鲜、中国。

2000 年 Anderson 和 Tureman 报道了大蜂螨的最新研究结果。侵染东方蜜蜂原始寄主的雅氏瓦螨（*Varroa jacobsoni*）是由 18 种单元型组成的两个亲缘种：其一为雅氏大蜂螨（*V. jacobsoni*），另一种为狄斯瓦螨（*V. destructor*）（图 3－1）。

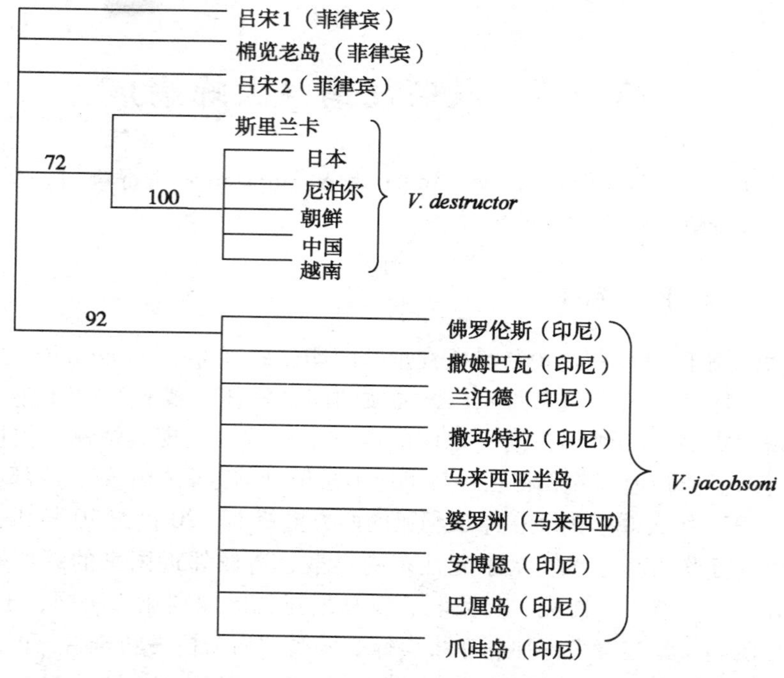

图 3－1　大蜂螨的进化关系树

大蜂螨不仅寄生在成年蜂体上吮吸其体液（血淋巴），使蜜蜂体质衰弱，烦躁不安，影响其哺育繁殖、外勤采集和本身的寿命，而且更主要是潜入蜜蜂封盖的子房内产卵繁殖，吮吸幼虫的血淋巴液，造成大量被害虫蛹不能正常发育而死亡；或幸而出房，也是翅足残缺，失去飞翔能力。危害严重的蜂群，群势迅速下降，子烂群亡（图 3－2）。除此以外，大蜂螨的寄生还可以传播包括急性麻痹病、残翅病等多种病毒病。

图 3-2　被螨寄生的蜜蜂
（左：幼虫；中：蛹；右：成蜂）

二、形态特征

1. 雌性成螨

呈横椭圆形，深红棕色，长 1.11～1.17mm，宽 1.60～1.77mm。螯肢的定趾退化，动趾具齿。须肢叉毛分二叉。背板覆盖整个背面及腹面的边缘，板上密布刚毛，后半部的刚毛卷曲并且较前半部长。胸板略呈半月形，具刚毛 5 对。生殖腹板呈五角形，其上刚毛 100 多根，长宽为 655μm 与 463μm。肛板近似三角形，长宽为 135μm 与 246μm，肛孔位于后半部，具刚毛 3 根。气门沟除基部附着于体表上，其余部分游离。后足板极为发达，略呈三角形，板上有很多刚毛。腹面二侧各具粗刺状刚毛 19 根。4 对足均粗短（图 3-3）。

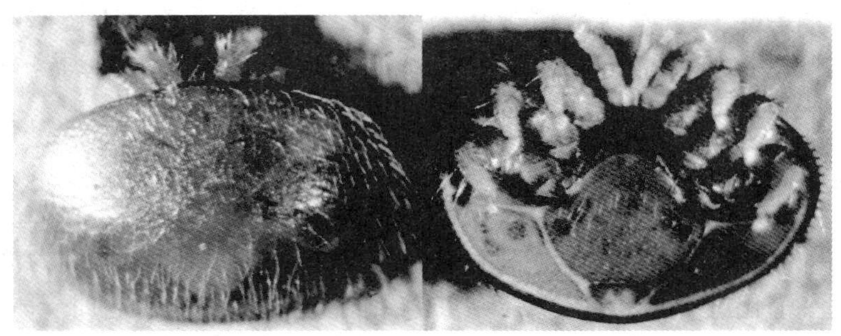

图 3-3　成年雌性大蜂螨的背面观（左）和腹面观（右）

2. 雄性成螨

较雌性成螨小，体呈卵圆形，长 0.88mm，宽 0.72mm。背板一块，覆盖体背的全部及腹面的边缘部分（颚体基部除外），背板边缘部的刚毛长，中部短，排列无一定的次序。全部背板上的刚毛末端均不弯曲。在体表背两侧最宽处有 10 ~ 14 对短棘状刚毛。螯肢较短，几丁质化弱。不动趾退化，短小；动趾长，具明显的导精管，末端稍弯曲。颚体的腹面结构与雌成螨同。第三胸板也与雌成螨同。前胸板无。腹面各板除肛板明显外，其余各板几丁质化弱，界线不清。雄性生殖孔位于第一基节间，凸出于板前缘。肛板盾形，一对肛侧毛位于接近肛孔前缘的水平线上。肛侧毛稍长于肛后毛。肛孔位于肛板之后半部，有密集的短小针状刚毛。足 4 对，第一对足较短粗，第二至四对足较长。全部足背面均有二列针状刚毛，腹面各节相连处亦具针状刚毛，其中第四对足上较长，所有跗节末端均具钟形爪垫，无爪。

3. 卵

乳白色，卵圆形，长 0.60mm，宽 0.43mm。卵膜薄而透明，产下时即可见 4 对肢芽，形如紧握的拳头。

4. 若螨

分为前期若螨和后期若螨 2 种。前期若螨乳白色，体表着生稀疏的刚毛，具有 4 对粗壮的附肢，体形随时间的增长而由卵圆形变为近圆形；大小也由长 0.63mm，宽 0.49mm，增长至长 0.74mm，宽 0.69mm。

后期若螨系由前期若螨脱皮而来的，体呈心脏形，长 0.87mm，宽 1.00mm。随着横向生长的加速，体由心脏形变为横椭圆形，体背出现褐色斑纹，体长增至 1.09mm，宽至 1.38mm。

三、内部解剖

螨的咽从额体连到食管，通过脑，开口于胃的一端，组成螨的消化道。紧接这一消化道又与小肠、直肠和肛门相连。第一对胃盲囊卷曲于体躯前端的肌肉束下，第二和第三对则位于体躯两侧，占据了胃表面的大部分区域。盲囊细胞扁平，无深色细胞核，约 20μm。直肠和小肠的立方体细胞约为 14μm。

排泄系统是由一对起始于脑侧边，沿着第一对和第二对胃盲囊腹面和第三对胃盲囊的背面向后延伸，在一个大的背腹肌附近形成的大的弯曲的马氏管组成。这对马氏管再与小肠和直肠交接处相连。在马氏管腔体和细胞里以及直肠内可看到鸟膘呤颗粒。马氏管细胞染色较深，长度约为21nm。

肌肉系统主要是背腹肌形式，腿肌从背部附着在体壁上，这种强大肌肉系统包围并覆盖整个脑部。第二和第三对胃盲囊间有一背腹肌，其侧边还有一对强大的肌肉束。

神经系统高度集合，在食管周围形成神经束，长为0.13mm，宽0.12mm。脑皮层细胞与脑的同源中心组织相比，显得小（4μm）且染色深。食管上神经节部分比食管下神经节小。从食管下神经节伸出4对侧支，通向足肢。此外还有一对向前和一些较小向后的分支。

在脑的背前部有一对唾液腺，它是由一些大细胞（12μm，核10μm）组成的。

在通向第二对和第四对足的肌肉间有一对长方形侧腺，腺体长约0.3mm，由大的多边形细胞组成（25μm），染色浅，核卵圆形（7μm），核仁明显。切片时，可以清楚看到侧腺内的许多管道。

雌螨外生殖器位于第三和第四节间，每一边各有一条极细的管道（直径7.5μm）。这些环状管从背末与一对较宽的管道相连（直径30μm）。这一对较大分支再愈合成通向一囊状物的单一分支。这一囊状物位于体腔背末端，其内部不同雌螨可看到不同发育阶段的精子细胞。囊状物的腹面是一个具有二条隙状器的卵巢。卵巢具有各种发育阶段的卵，卵细胞长为10μm。隙状器是由小（3.5nm）而染色深的细胞组成的，每一隙状器长为0.18mm。卵巢通向输卵管，输卵管从背末向腹前延伸。从切片看，卵巢管如一串直径10μm有明显细胞核的细胞形成的管道，与开口于背腹板的外生殖器相连。

雄螨的内部解剖与雌螨略有差异。由于不同形式的体躯和较大的外生殖器，造成器官空间分布的差异。雄螨的马氏管是紧贴在侧体壁上。雄螨同样具有唾液腺和侧腺。单一睾丸位于体腔的中后部，二条输精管从睾丸伸出，在中腹部愈合成射精管。在交接处着生雄性附腺。在射精管两边可见2条小的性腺。睾丸直径约60μm，附腺直径为100μm。精子形成的各个时期染色都较浅，梨形管内的精细胞的形状与幼雌螨的分支管内的精细胞是一样的。

四、生活史及习性

大蜂螨具有卵、若螨（前期若螨、后期若螨）和成螨3种不同的虫态

（图 3－4）。在东方蜜蜂，雌成螨只在雄蜂房内产卵；在西方蜜蜂，雌成螨可寄生于工蜂和雄蜂的成虫、幼虫和蛹，因而生活史相当复杂，一般将其分为 5 个阶段（图 3－5）。

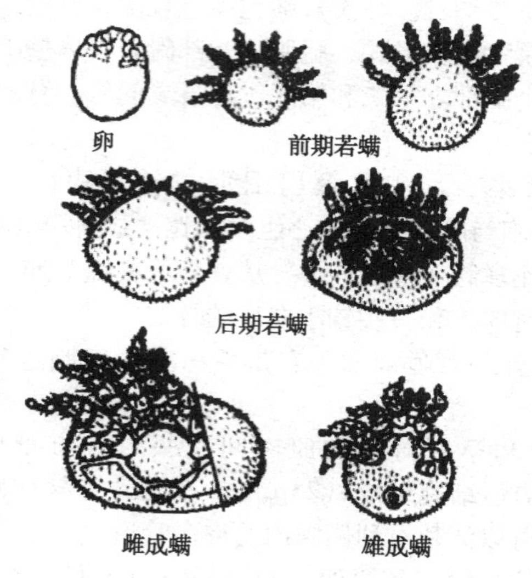

图 3－4　大蜂螨

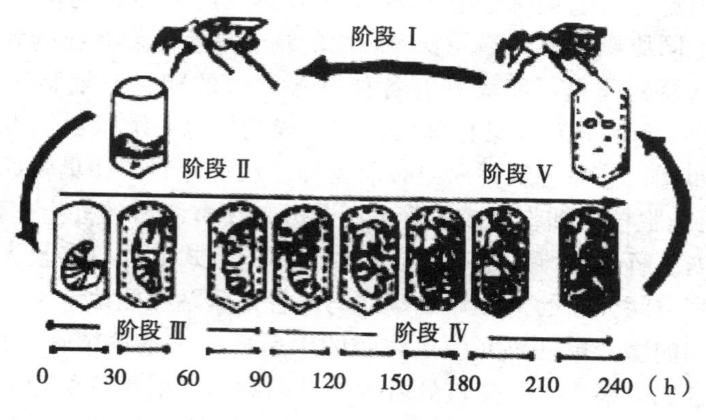

图 3－5　大蜂螨的生活史

第一阶段（滞留期）：雌成螨通过出房的工蜂的携播形式或本身自行离开巢房，寻机进入工蜂或雄蜂房。在巢房外的蜂体上，雌成螨靠口器刺穿蜂体的节间膜，取食血、淋巴。一般在螨进入幼虫房前可在蜂体上生活 4～13d。已产过卵的老雌螨具有再产卵的能力，一般可达 22%～51%。老雌螨寻找幼虫房比幼成螨快（分别为4.4d和10.7d）。

第二阶段（卵黄形成前的活动期）：经过滞留期后，螨从蜂体上落下，进入幼虫房内。雌螨选择有5日龄幼虫的工蜂房和5～7日龄幼虫的雄蜂房作为寄生对象。每个巢房可有一只或多只螨寄生，最多可有21只螨寄生在一个雄蜂房内。螨的寄生选择可能是受蜜蜂幼虫排出的CO_2或追踪激素所吸引。雌成螨潜藏于幼虫房后变成僵状的不活动状态，可能是由于幼虫食料氧气浓度低，二氧化碳高而造成的麻醉状。这种进化有助于螨躲避东方蜜蜂的工蜂的清扫行为。此阶段蜜蜂发育日龄为7～9日。

第三阶段（首次卵黄形成的活跃期）：蜜蜂幼虫房封盖后，幼虫消耗掉剩余的幼虫食料，进入预蛹期，巢房内的螨只取食有限的幼虫食料。如果幼虫食料无法完全耗尽，螨会夹住，处于僵状，最后死亡。一般来说，雌螨是在幼虫食料被完全耗尽后才会从僵状苏醒过来，开始转移到幼虫或预蛹上，用口器刺穿其表皮，吮吸血、淋巴。一旦雌螨取食足够的血淋巴后，第一个精细胞成熟并与卵母细胞受精。在工蜂房封盖后60～64h，产下第1粒受精卵。很快在工蜂房封盖后94～96h，螨无须再取食产下一粒未受精卵。卵一般产在丝茧或蛹的外表上，极少产在幼虫或预蛹上。如果螨在第三阶段和下一阶段期间没有取食足够的血淋巴，螨就无法产卵或只产下很少的卵（1粒或2粒）。这一阶段蜜蜂发育期9.0～12.75d，是工蜂房封盖后0～90h或雄蜂幼虫大量取食后0～90h。

第四阶段（第二次卵黄形成活跃期）：一只雌螨至少具有在一个工蜂房内产5粒卵（4粒受精，1粒未受精）或在一个雄蜂房内产7粒卵的潜力。在产下未受精卵后，螨再次取食并且在幼虫房封盖后120～124h，产下第3粒受精卵。以后每隔30h左右再产至少2粒受精卵。螨可能在工蜂或雄蜂蛹的眼变黑时（工蜂18日龄，雄蜂19日龄），最后一次取食，产卵结束。如果在一幼虫房内同时有几只雌螨存在，不是所有的螨都能繁殖。

一只雌螨产下后代数不同，可能是取决于封盖期的时间长短。对喀蜂的工蜂房来说（封盖期12.1d），螨可产下5粒卵，但只有一只雌性和一只雄性后代可发育成熟。对于海角蜜蜂来说，它的工蜂发育期短（封盖期只11.1d），半数以上有螨害子房在工蜂出房后，螨无法产下任何雌成螨后代，而在其雄蜂房内（封盖期约14d），每个雄蜂房可产下5只雌性后代。此阶段从蜜蜂发育期起至发育完成，即工蜂封盖后90h至工蜂出房或雄蜂在房内大量取食后90h至雄蜂出房。

第五阶段（成熟和交配期）：雌成螨羽化后24h即达到成熟期（侵染阶

段）。此时蜕皮后的雄成螨可能与雌螨进行交配。雄螨利用口器将未成熟的精细胞引入雌螨。雄螨和未成熟的雌性螨在幼虫房去盖后很快死去，工蜂出房爬出。

雌螨具有2种类型，存在产雄的孤雌生殖。一种是正常的，二种性别的螨均可产。另一种类型螨是绝对产雄的。因此，螨的后代初期为雄螨占优势。以后随螨的产卵量增加，雌雄螨的比例接近1：1。此阶段为蜜蜂发育期第19日至工蜂或雄蜂发育完成。

大蜂螨的生活史归纳起来可分为2个时期，一个是体外寄生期，一个是蜂房内的繁殖期。蜂螨完成一个世代必须借助于蜜蜂的封盖幼虫和蛹来完成。因此大蜂螨在我国不同地区的发生代数有很大差异。对于长年转地饲养和终年无断子期的蜂群，蜂螨整年均可危害蜜蜂。北方地区的蜂群，冬季有长达几个月的自然断子期，蜂螨就寄生在工蜂的胸部背板绒毛间，翅基下和腹部节间膜处，与蜂群一起越冬。

越冬雌成螨在第二年春季外界温度开始上升，蜂王开始产卵育子时从越冬蜂体上进入幼虫房，开始越冬代螨的危害。以后随着蜂群发展，子脾的增多，螨的寄生率迅速上升。据北京地区观察，大蜂螨自3月中旬蜂王产卵后即开始繁殖，到4月下旬，蜂螨的寄生率就可上升至15%～20%，寄生密度可达0.25螨/蜂。大蜂螨由于生活在温度相对稳定的蜂房内（34～35℃），其各虫态历期相对变化不大。

卵的历期约1d，雌螨若虫期为7.5d（前期若虫4.5d，后期若虫3d），雄螨若虫期仅为5.5d。

成螨寿命因性别不同差异较大。雄螨寿命很短，只有0.5d左右，它在巢房内与雌螨交配后很快死去。一般情况下，在巢脾上和蜂体上很难找到雄螨。雌成螨的寿命较长，受季节影响较大。春夏繁殖期，雌螨寿命平均为43.5d，最长可达2个月；在越冬期，雌螨靠自身贮存的营养和吮吸少量蜂体的血淋巴在越冬蜂上生活，寿命可达6个月以上。

放射性锶^{90}试验结果证实，雌螨一生专以蜜蜂血、淋巴为营养，其他有机废物、粪便、干血和小鼠皮肤渗出的血液只能使大蜂螨存活1～3d。雄螨完全不采食。

五、传播途径

目前大蜂螨迅速地在世界范围的蜂群扩散，多数是从有螨害地区进口蜂群再通过蜂群转地接触发生的。不同地区的螨类传播可能是蜂群频繁转地造成的。蜂场内的蜂群间传染，主要通过蜜蜂的相互接触。盗蜂和迷巢蜂是传染的主要因素。

其次蜂群管理上人为子脾互调和摇蜜后子脾的混用也可造成场内螨害的迅速蔓延。另外有螨群和无螨群的蜂具混用，采蜜时有螨工蜂与无螨工蜂通过花的媒介也可造成蜂群间的相互传染。

六、发生与环境的关系

1. 与温、湿度的关系

大蜂螨最适温度为32～35℃。在10～13℃即会冻僵，18～30℃开始活动。温度升高超过最适温度，则生命力下降。42℃出现昏迷状态，43～45℃会死亡。蜂螨对温度的适应范围与蜜蜂基本相同。

大蜂螨喜欢相对湿度较高的环境，低于40%不利于螨的生存。在蜂群外的空蜂箱里，当气温15～25℃，相对湿度65%～70%，雌螨能生存7d，在未封盖子脾上可生存15d，在封盖子脾上可生存32d。

2. 与季节的关系

季节的变化影响蜂群群势的消长，也影响蜂螨的消长。春季和秋季蜂群群势小，螨的感染率显著增加，夏季群势增大，螨的寄生率呈下降趋势。据北京地区观察，大蜂螨一年中的消长情况大抵符合这一规律，春季4月下旬，螨寄生率15%～20%，寄生密度0.25只/蜂；夏季6～8月，螨寄生率一直保持10%左右，寄生密度0.16只/蜂；8月下旬以后，蜂群群势下降，螨寄生率又急剧上升；到10月以后，达到最高峰，螨寄生率49%，寄生密度0.55只/蜂。

3. 与蜂种的关系

大蜂螨对不同蜂种感染率不同。东方蜜蜂是大蜂螨原始寄主，对大蜂螨已产生一种防御机制。通过自我清扫、群体清扫行为将蜂体上螨咬开，拉出箱体外。东方蜜蜂能迅速找到大蜂螨，可轻易将幼虫房内的螨咬走。西方蜜蜂缺乏寻找和清除螨的能力。上颚撕咬螨的力量不如东方蜜蜂强，很少有自我清扫和群体清扫行为。因而对螨的天然抵抗力差，受害较为严重。

4. 与蜜蜂性别关系

对同一品种的蜂群，螨对雄蜂个体有较高的寄生率，每只雄房最多有6只螨寄生，而工蜂个体仅有1～2只，很少在蜂王体上找到大蜂螨。春季，雄蜂房内的螨寄生率高达47.4%，而工蜂房内只有8.9%；夏季，雄蜂房内螨寄生率可达55.1%，而工蜂房内也仅有15.4%。

5. 与封盖期长短的关系

大蜂螨繁殖必须借助封盖子房。不同封盖期的蜜蜂品种对螨的繁殖影响极大。热带地区蜂种螨害较轻就是因为它们封盖期的缩短。意蜂、喀蜂、欧洲黑蜂封盖期为12d，非常有利于螨的繁殖。海角蜜蜂的平均封盖期为9.6d，非洲蜜蜂（*A. m. scutellate*）封盖期也仅11.5d，对蜂螨的繁殖不利，因此非洲蜜蜂品种对螨有较强的抵抗力。

6. 与蜂体内保幼激素Ⅲ的关系

螨从寄主上获取保幼激素Ⅲ对它进入幼虫房的行为，螨内卵黄的形成和诱导产卵有很大关系。不同种类和性别的蜜蜂血淋巴含有不同浓度的保幼激素Ⅲ。东方蜜蜂和西方蜜蜂的雄蜂幼虫，在幼虫房封盖后60h，其血淋巴的保幼激素Ⅲ浓度超过5mg/ml。西方蜜蜂和东方蜜蜂工蜂幼虫在封盖后第一天，血淋巴内的保幼激素分别为3～7mg/ml和1mg/ml，螨吮吸保幼激素低于4mg/ml的血淋巴将无法产卵繁殖。

成年蜂的保幼激素Ⅲ的浓度不同季节也会变化。老的夏季蜂比冬季蜂有较高浓度的保幼激素Ⅲ。吮吸夏季老蜂血淋巴后的螨，在进入幼虫房后有较高的产卵率。

7. 与其他蜂病的关系

大蜂螨是许多蜂病病原的携带者。实验已经证实，它能携带急性麻痹病毒和引起白垩病的菌丝体。此外螨还可能携带美洲幼虫腐臭病细菌和孢子虫，共同危害蜂群。

七、检查与诊断

一是由肉眼直接检查。抓住蜜蜂，观察其体表有无大蜂螨寄生。也可挑开封盖的雄蜂房或工蜂房，拉出蜂蛹，观察蛹体和巢房内有无大蜂螨寄生。

二是用常用的杀螨药物进行扑杀，根据落螨情况进行判断。

三是仔细观察巢房门前的死蜂情况和巢脾上幼虫和蛹的死亡情况，若发现大量翅、足残缺的幼蜂爬行和死蛹被工蜂拖出，即可确定为大蜂螨危害。

八、防治措施

现蜂场多半采用以氟胺氰菊酯为有效成分的菊酯类杀螨药，常年挂于蜂箱内，方便是方便了，但促进了蜂螨的抗药性的产生。过去一张药条可使用1个月，甚至更长时间，现在2个星期就要换，有些地方甚至基本无效了。生产上应根据大蜂螨的生活习性，应抓住两个断子期治螨，一是越冬、春繁前的断子期，二是南方越夏的断子期。只要在这两个时期将蜂螨的寄生密度降到极低，可不用常年挂杀螨剂。现在可替代螨扑的较好的药剂是甲酸和草酸，可在蜂群饲养的任何时期使用。甲酸为液态有机酸，易挥发，对蜂产品污染极小，无残留，使用较安全。使用方法为：在断子期，盖好箱盖，将瓶子置于蜂箱角落，任其自然挥发，3d后再次加入甲酸，连续5次即可。若一段时间后发现螨害抬头，可再次使用，但不必长期将甲酸瓶置于蜂群中。草酸为固体，安全性高，可于糖水中加入3%的草酸，溶解后均匀喷洒巢脾，2ml/脾，3d喂一次，连续5次。

使用甲酸应注意，甲酸挥发性较强，应避免药害。每箱蜂内每次使用不宜超过6ml，应在较为凉爽的傍晚使用，否则易引起蜂群极度骚动，甚至飞逃。

对大蜂螨的生物防治研究得到日益重视，通过生防技术防治大蜂螨目前还是处于起步阶段。已知有许多微生物与螨有关，它们有的对蜜蜂无害，有的可能对螨有致病作用。电子扫描显示，螨上发现有病毒、细菌和真菌。它们可能与螨一起共同危害蜂群，也有可能是螨的病原。寻找对螨有害的微生物和捕食者是今后螨生防的研究重点。此外，利用高浓度保幼激素施用于螨的敏感期会起到杀螨的作用。利用育种筛选法，选择有较强的清扫能力和较短的封盖期的蜂种进行饲养，会大大减轻螨的危害。

使用杀螨剂的注意事项：交替使用杀螨剂，防止螨抗药性的迅速形成；先试验后使用。由于杀螨剂用量因季节、气候、群势、使用方法和螨害程度不同而有差异，所以在大范围使用某种新药剂时，应当对少量蜂群进行试验，以防大量蜂群因药害而造成损失。

合理用药次数。一般杀螨剂对蜂房内的螨作用不大，因此在繁殖季节，若相隔 3 天用药一次，至少需连治 4 次，保证毒杀幼蜂出房后带出的螨。

缺蜜季节或蜂场群势不均情况下，要尽可能全场蜂群同时治疗，以免导致盗蜂和围王造成损失。

此外，植物性杀螨剂在治螨方面也有一定的效果，如鱼藤精、烟草、麝香油加薄荷醇、大蒜油、松柏针叶提取物等都有一定效果。一些中草药可用于防治螨害。

①芹菜提取物（芹菜油），喷雾。

②烟叶粉、生石灰，洒于蜂箱底部。

③百部、马钱子、烟叶、元胡、姜黄、芫荽籽、花椒、大茴香、小茴香等磨粉，撒于蜂箱底部。

④百部、烟叶、细辛、滑石粉等，撒于蜂箱底部。

⑤新鲜的松、柏针叶，切细后撒于蜂箱底部。

第二节　小蜂螨

小蜂螨（*Tropilaelaps clareae*）属寄螨目、厉螨科。别名：小螨、小虱子。

一、分布与危害

小蜂螨 1961 年首次在菲律宾的东方蜜蜂死蜂标本上发现，后在蜂箱附近的野鼠上也找到这种螨。小蜂螨分布范围比大蜂螨小，除亚洲一些国家外，非洲、美洲、欧洲和大洋洲均未见报道。目前，受小蜂螨危害的国家和地区有菲律宾、缅甸、泰国、阿富汗、越南、巴基斯坦、印度、中国、中国香港特区。小蜂螨常和大蜂螨一起同时发生，共同危害以上国家和地区的西方蜜蜂。

寄主较广泛，已知可在蜜蜂属的东方蜜蜂、西方蜜蜂、大蜜蜂、黑色大蜜蜂、小蜜蜂上寄生。

小蜂螨在我国发现的时间比大蜂螨略迟。1958 年江西在少量蜂群上发现有小螨，1960 年江西和广东开始出现小蜂螨危害成灾。此后，小蜂螨逐渐向其他地区传播蔓延，目前，已遍及全国有蜂群地区。

小蜂螨主要寄生在子脾上，很少出现在巢脾外的蜂体上。寄生主要对象是封盖后的老幼虫和蛹。它们靠吸食幼虫和蛹体汁液进行繁殖，经常造成幼虫无法化蛹，或蛹体腐烂于巢房。出房的幼蜂也是残缺不全。受危害幼虫，其表皮破裂，组织化解，呈乳白色或浅黄色，但无特殊臭味。由于小蜂螨发育期短，有的新成螨会咬破房盖转房再行繁殖危害，从而使房盖会出现形如缝衣针孔状大小的穿孔。

小蜂螨繁殖速度比大蜂螨快，造成烂子也比大蜂螨严重，若防治不及时，极易造成全群烂子覆灭。

二、形态特征

1. 成螨

雌螨呈卵圆形，浅棕黄色，前端略尖，后端钝圆，体长 0.97mm，宽 0.49mm，产卵时厚 0.6mm，产卵后厚 0.3mm。螯钳具小齿，钳齿毛短小，呈针状。头盖小不明显，呈土丘状。须肢叉毛不分叉。背板覆盖整个背面，其上密布光滑刚毛。胸板前缘平直，后缘强烈内凹，呈弓形。前侧角长，伸达基节Ⅰ、Ⅱ之间。

生殖腹板狭长，达到或几乎达到肛板的前缘，长宽为 596.7μm 和 117.5μm。后端平截，具刚毛 1 对。肛板前缘纯圆，后端平直，长宽各为 230μm 和 150μm，具刚毛 3 根。气门沟前伸至基节Ⅰ、Ⅱ之间。气门板向后延伸至基节Ⅳ后缘。腹部表皮在基节Ⅳ之后密布刚毛，毛基骨板骨化强，呈菱形。

雄螨呈卵圆形，淡黄色。体长 0.92mm，宽 0.49mm。螯钳具齿。导精趾狭长，卷曲。头盖呈土丘状。须肢叉毛不分叉，背板与雌螨相似。生殖腹板与肛板分离，具 5 对刚毛和 2 对隙状器。肛板卵圆形，前端窄，后端宽圆，具 3 根刚毛。气门沟伸至基节Ⅰ、Ⅱ之间。气门板向后延伸至基节 w 后缘。在基节 w 之后的腹部表皮刚毛与雌螨相似（图 3－6）。

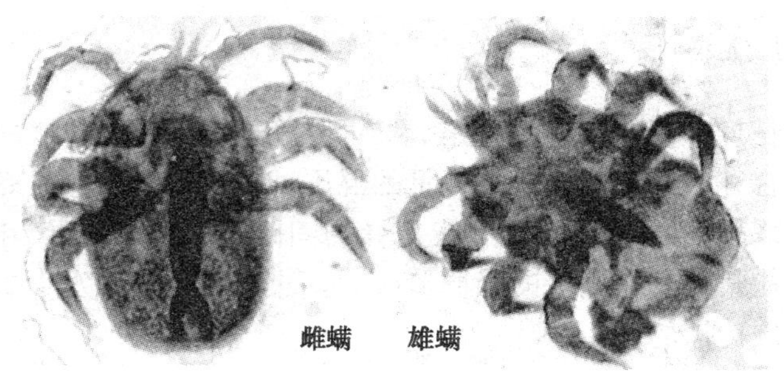

图 3－6　成年小蜂螨

2. 卵

近圆形，腹部膨大，中间稍下凹，形似紧握拳头，卵膜透明，长0.66mm，宽0.54mm。

3. 若螨

卵孵化后的幼螨很快变成前期若螨。前期若螨呈椭圆形，乳白色，长0.54mm，宽0.38mm，体背有细小的刚毛。

后期若螨为卵圆形，长0.90mm，宽0.61mm，体背着生细小刚毛，排列无一定顺序。

三、生活史和习性

小蜂螨除转房繁殖外，整个生活史都在封盖房内完成。雌螨很少吮吸成蜂的血淋巴，在蜂体上存活只有2d。小蜂螨发生代数不详。在南方蜂群终年不断子地区，小螨伴随子脾终年危害。北方地区，当蜂群停卵进入越冬阶段，同样转移到成年蜂体上越冬。

小螨一生分为卵、幼虫、若虫和成虫4个阶段。野外蜂群调查统计，小螨整个发育期为6d，卵与幼虫历期1d，前期若虫2d，后期若虫3d。雌成螨从封盖房爬出后，选择即将封盖的6日龄幼虫为寄生对象。幼虫封盖后1天，雌螨开始产卵。每只雌螨可产卵4粒，隔天1粒，产卵持续4d（图3-7）。

在人工培养和蜂房内的小螨中，雌螨占有绝对优势，雌雄性比接近8∶1。

四、传播途径

小蜂螨在蜂群间的传播主要是蜂群饲养管理措施不当造成的，如有螨群与无螨群的合并，子脾的互调，蜂具的混用，以及盗蜂和迷巢蜂与无螨群工蜂的接触。蜂场间的螨害传播可能是蜂场间距离过近，蜜蜂相互接触引起的。也有可能是购买有螨害的蜂群造成的。北方地区蜂群发生螨害主要是由南方转地蜂群传播的。

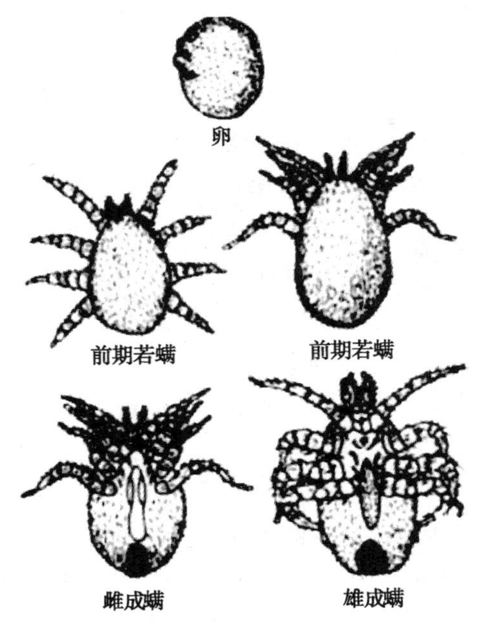

图 3－7　小蜂螨

五、发生与环境的关系

1. 与温度的关系

温度对螨的影响很大。据中国农业科学院蜜蜂研究所室内饲养观察，成螨在 9.8℃、12.7℃、31.9℃、34.5℃和 36.3℃条件下，存活天数分别为 1.9d、3.7d、8.4d、9.6d 和 6.8d。螨生活最适的温度与蜜蜂子脾大体一致，离开子脾后存活不超过 2d。

2. 与蜜蜂群势的关系

据北京地区观察，在每年的 6 月以前，由于蜂群群势不强，很少查到小蜂螨。到了 7 月中旬以后，小蜂螨寄生率呈直线上升，到 9 月中旬达到最高峰。到 11 月上旬以后，外界气温已下降到 10℃以下，蜂群又基本查不到小蜂螨。小蜂螨多发生在弱群，病群以及无王群。

3. 与其他螨的关系

小蜂螨常与大蜂螨一起共同危害意蜂群。大蜂螨的种群密度高会抑制小蜂螨的危害和降低其种群密度。在东南亚地区，由于大蜂螨发生时间早，适应能力强，造成小蜂螨危害相对减轻。

六、检查与诊断

打开封盖巢房，利用小蜂螨的趋光性，观察病害程度。

提取 50～100 只蜂用乙醇棉球熏蒸 3～5min，待蜜蜂昏迷后，轻摇几下，小蜂螨会掉落下来，根据数量即可判断危害程度。

七、防治措施

小蜂螨的防治在我国过去一直都没有给予特别的重视，因为小蜂螨多分布南方，北方不适合小蜂螨的存活。在防治大蜂螨时，同时将小蜂螨兼治了。但由于现在挂螨扑的治螨方法，对小蜂螨的防治效果不是很好，所以有些地方小蜂螨发生严重。根据小蜂螨主要在封盖房内生活的生物学特性，在蜂群断子期防治，效果极佳。方法可参照大蜂螨的甲酸防治方法。

若在蜂群繁殖期，群内有大量封盖子时，发生小蜂螨危害，则可采用升华硫防治。方法为，用细长毛刷或粉扑将升华硫薄薄地均匀刷在子脾封盖上即可。

第三节　武氏蜂盾螨（壁虱）

武氏蜂盾螨［*Acarapis woodi* Rennie（异名 *Tarsonemus woodi*）］属真螨目，跗线螨科。别名：壁虱、武氏蜂附线螨。

一、分布与危害

由武氏蜂盾螨引起蜜蜂气管壁虱病又称恙虫病、恙螨病、怀德岛病，是成年蜂的一种毁灭性内寄生螨，为国际蜂病的检疫对象。

1904 年在英国怀德岛首次发现，以后蔓延至欧洲各国（除斯堪的纳维亚地区以外）。目前，除大洋洲以外，世界各洲均有出现。20 世纪 80 年代中后期，墨西哥、美国、加拿大、阿根廷、巴西、智利、哥伦比亚、埃及、刚果、印度都报道有武氏蜂盾螨的危害。直到今日，中国尚未有壁虱病危害的报道。

武氏蜂盾螨最初寄主是西方蜜蜂，目前，已发现寄生于东方蜜蜂和大蜜蜂上。

这种病害一年四季都可能发生。在冬季，常引起蜂群烦躁不安，无法结团，增加了蜜蜂饲料的消耗并缩短了越冬蜂的寿命，致使越冬失败；春季，由于病蜂大量死亡，哺育力下降，使蜂群发展缓慢，造成春衰，严重影响育王和笼蜂的生产；夏季流蜜期，由于采蜜活动，减少巢内蜂体间的接触，症状有所减轻，但蜜蜂采集力、授粉有效性下降；秋季流蜜期结束，群势下降，群内青、壮蜂感染率上升，给越冬带来困难。凡秋季蜂群感染率达30%以上，将无法安全越冬。

武氏蜂盾螨对蜜蜂的危害至少可以表现出以下几种现象：螨和其废物对气管的堵塞造成呼吸不畅；由于吸食血淋巴造成营养损失；刺破气管引起间接感染；破坏气管周围的肌肉和神经组织；越冬期间破坏翅基肌肉；引起蜜蜂烦躁不安；螨的毒素造成蜜蜂飞翔肌麻痹；新陈代谢发生改变；气管硬化影响飞翔肌作用；寿命缩短（图3－8）。

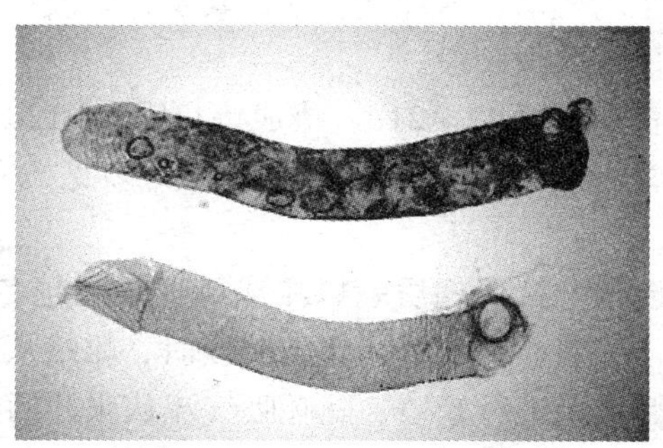

图3－8　被武氏蜂盾螨侵染的蜜蜂气管

上：被侵染气管；下：健康气管

二、形态特征

1. 成螨

雌成螨椭圆形，长123～180μm，宽76～100μm。从侧面看，头胸部至腹部均有横纹，背部有5对背板。头胸节的背面着生8对刚毛，第2和第4

背板各有2对刚毛，第3和第5背板各有1对刚毛。尾节表皮上也有5对刚毛。

雄螨椭圆形，长96～100μm，宽60～63μm。背板着生6对刚毛，2对位于胸部，3对位于第一腹节，1对在第二腹节。尾节上有一椭圆形的肛板。

成螨均有4对腹足，分为6节。口器为一棘状小管，管内有2根棘刺，由上下唇、须肢组成的。

2. 卵

卵椭圆形，珍珠色，体大透明，长110～120μm，宽54～67μm。

3. 幼螨

幼螨椭圆形，体长比成螨稍大。长200～225μm，宽100～140μm，足3对。1对足发育良好，2对足退化。行为活泼，为壁虱主要取食阶段（图3－9）。

三、生活史及习性

武氏蜂盾螨一生均生活在蜜蜂气管内，其发育阶段可分为卵、幼虫、预成虫和成虫，没有出现若虫阶段。

雌成螨完成发育期需要12～21d，雄成螨只需4～12d。螨的一年世代数不详。雌雄性比通常为3∶1或4∶1。雄螨较为多见，有时其数量会超过雌螨。

蜂群进入越冬阶段，武氏蜂盾螨以雌成螨形式在越冬蜂的翅基部越冬，很少出现在蜂王上。当春季蜂群进入繁殖阶段时，雌螨从老蜂体上转移到年幼的工蜂（<4日龄）上进行繁殖，随呼吸气流从张开的前胸气门侵入。经过3～4d取食后，雌螨开始产卵，每只一般可产10粒卵。卵经过3～4d孵化出有3对足的幼螨。幼螨行为活泼，历期6～10d，通过不断取食蜂体血淋巴生长发育。武氏蜂盾螨没有若虫期，幼螨无须脱皮直接转化为成螨，中间只经过短暂的预成虫期。形成的雌螨在蜜蜂气管内与雄螨进行交配，完成受精。在蜂体以外的蜂巢、箱壁等无生命的物体上，武氏蜂盾螨不能长期生活，一般存活不超过24h。

武氏蜂盾螨通常寄生在蜜蜂中胸的气管内，最多可达108～150只幼螨和卵。此外，在蜜蜂头部、胸部、翅基部、触角和腹部的气囊中也可找到。

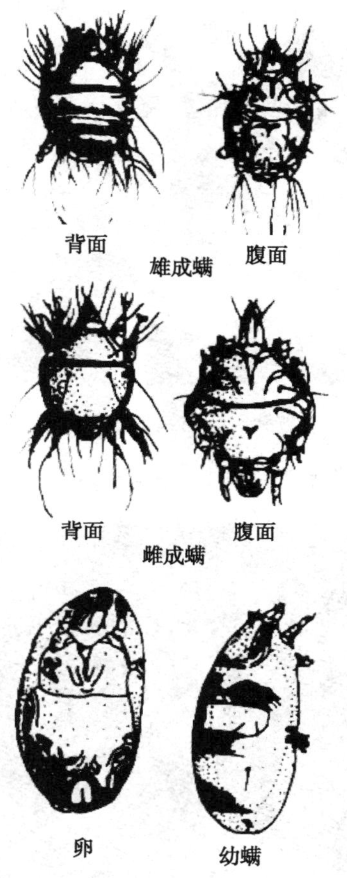

图 3-9　武氏蜂盾螨

武氏蜂盾螨侵染蜜蜂可分为 3 个阶段。第一阶段蜜蜂气管病变不明显，依然呈银白色或米黄色，并有环纹和弹性。15～18d 后，由于螨在气管内大量繁殖，病状逐渐明显，气管开始呈淡黄色，布满不规则黑色斑点，弹性受到破坏，此时为螨侵染第二阶段。感染第 27～30d 后，气管中充满了不同阶段的螨，气管壁变成黑色，失去弹性变脆（图 3-10），此时为螨侵染第三阶段。

由于螨刺穿蜜蜂气管壁吸食血淋巴，染病的蜜蜂气管壁会渗出含黑色素的血淋巴。胸部气管的病变会破坏翅膀的运动肌肉，导致蜜蜂失去飞行能力。典型症状是蜜蜂前后翅呈“K”字形或导致翅膀的脱落（图 3-11）。

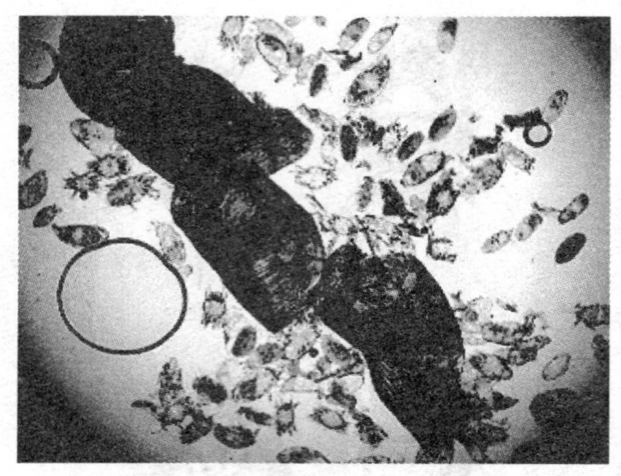

图 3－10　被武氏蜂盾螨严重侵染的蜜蜂气管

此外，该病也会造成蜜蜂无规则颤抖，腹部膨大并伴有下痢现象。

图 3－11　武氏蜂盾螨寄生后蜜蜂的翅呈“K”字形

四、传播途径

武氏蜂盾螨在蜂群内的传播，是通过蜂体间的相互接触与摩擦。受精的雌螨从气管内爬出后，附着在蜂体的绒毛上，用一只或二只后足紧握刚毛的尖端。当蜂体相互接触时，雌壁虱能通过气味区别幼蜂和老蜂。通常武氏蜂盾螨选择具有密而柔软绒毛的幼蜂进行侵染，用其前足紧抱住另一只擦肩而过的蜂体绒毛并落到新蜂体的体表，先随翅基附近的颤动到达前胸第一对气门，再随气门的呼吸气流侵入开着的气门，进入气管。因此，只要有一只具有产卵力的雌螨侵入到蜂群，就会很快感染全群其他蜂体。

武氏蜂盾螨在蜂群间的传播，主要是借助人工分群，购买蜂王与笼蜂，以及盗蜂和迷巢蜂等造成的。

五、发生与环境的关系

1. 与温、湿度关系

温度、湿度对螨的存活和感染有很大关系。据蜂尸上观察，在相对湿度10%，温度40℃时，螨可存活5～6h；12～20℃时可活30～35h；50℃时只活1.5h。当相对湿度40%，温度30℃时能活30～40h，45℃时只活2h。也有观察发现，35℃的幼虫区幼蜂被侵染率高于其他位置的幼蜂（23℃或30℃），认为温度因素是影响武氏蜂盾螨行为的最重要因子。

2. 与蜜蜂日龄的关系

螨通常感染不超过9日龄的青年蜂，以4日龄幼蜂受害率最高，有的刚出房不久的新蜂也常找到。蜜蜂对侵染的易感性随日龄增长而迅速减少，在个别情况下，螨才感染15～18日龄的蜜蜂，对老蜂的感染极少发生。据观察，幼蜂容易感染的原因是与其气孔柔嫩，气管的直径、形状、绒毛的密度与形状有很大关系。

3. 与蜜蜂行为的关系

螨对不同蜂种感染率是不同的。东方蜜蜂由于有清扫能力，可通过其上颚梳刮其他蜂体的花粉或废屑，将螨从胸部区清除掉，从而减轻侵染率。

4. 与蜂群状况的关系

晚秋和早春，由于前期的感染，蜂群受害较重，群势急剧下降。蜂群繁殖期，幼蜂大量出现，受感染老蜂与新蜂有更多机会接触，幼蜂感染率极高。流蜜期，受感染老蜂采集活动加强，与幼蜂接触减少，侵染率明显下降，蜂群不表现出明显的症状。流蜜期后的秋季繁殖，螨的侵染率又会上升，造成蜂群越冬困难。

5. 与蜜蜂生理的关系

有些品种蜜蜂对螨幼虫的发育有一定的生理抵抗可忍受或促进对壁虱有害的微生物生长。例如，蜂群施用酵母菌（Acaromyces）后可降低的侵染。

六、检查与诊断

对可疑病群的取样，每个样本最少 50 只蜜蜂。常规做法是在 16 倍解剖镜下用细小镊子去除头部和前足，检查前胸的气管和肌肉。健康蜜蜂的气管呈浅黄色或白色，如果气管是棕褐色或黑色，即可怀疑为气管壁虱病，再用显微镜（100 倍）检查变色气管，确证气管内是否有螨的存在。

对于初期侵染的壁虱病的诊断，由于螨个体小，颜色近似气管，常规的显微镜下检查不太可靠，需要通过组织病理的染色技术才能准确、快速地诊断壁虱病。具体做法是，将酒精浸泡的样本用利刀先从前足后的膜区横切，去除前足和头部，再从中足前的前足翅基部横切，得到厚 1.5mm 的胸部切片。然后将切片放在 8% KOH 溶液中煮沸，不断搅动，去除软组织，时间约 10min。紧接下去过滤，冲洗，去除多余的 KOH。最后切片放进染色液、分离液，染后漂洗进行处理。由于气管和螨对不同染色液会发生不同反应，切片在 10～25 倍的解剖镜下可以清楚看到气管内的染色螨。

Colin 等曾报道另外一种诊断方法，对蜜蜂胸部进行研碎，离心，然后检查是否有螨。由于武氏蜂盾螨常与外蜂盾螨和背蜂盾螨相混淆，因此，这种诊断法不大准确。

近来出现一种诊断新技术，酶结合免疫吸附剂分析法（ELISA）。其原理是利用抗原与抗体结合的特异性，快速、准确地诊断蜜蜂气管内的武氏蜂盾螨，并且不与背蜂盾螨、外蜂盾螨相混淆。

七、防治措施

武氏蜂盾螨为国际检疫性螨类，由于我国还未发现这种病原。因而加强检疫仍是预防武氏蜂盾螨在我国蔓延的重要措施。应严格检疫或禁止进口来自有武氏蜂盾螨病国家的蜂群，对有发现武氏蜂盾螨的蜂群要坚决烧毁。

目前国外采用烟剂、熏蒸剂和内吸剂 3 种剂型防治武氏蜂盾螨。

（1）薄荷醇　用大约 18cm×18cm 的塑料窗纱（约 6 孔/cm）做成的包装袋盛装 50g 薄荷醇晶粒，放在蜂群冬团的巢脾梁处，可以有效治疗低温季节的蜂群武氏蜂盾螨。在夏季温度较高季节，薄荷醇挥发力强，可直接将药放置箱底。

(2) 水杨酸甲酯　中等群势，每群每次用药6ml。将药液洒在吸水纸上，傍晚放入框梁进行熏蒸，不关巢门，每隔3d一次，连治4次。

(3) 甲酸　将5ml甲酸装在10ml小瓶内，橡皮塞上留有直径1cm小孔，插入6cm长的棉花灯芯，露出1cm灯芯。瓶子置于箱底。蜂箱四周密封，不关巢门。每天加药5ml，连熏21d。

Cymiazole（Apitol）是一种新型内吸型杀螨剂，对防治大蜂螨也有效。防治武氏蜂盾螨做法是，将1.714g药溶在1L 50%糖浆内。3框群势喂糖浆0.3L，3～7框的喂0.6L，7框以上的喂1L。喂糖浆24h后检查饲料，若有剩，将余下糖浆喷在蜂体上。每隔7d喂一次，连喂3次。

第四节　侵染蜜蜂的其他螨类

一、新曲厉螨

新曲厉螨属寄螨目，厉螨科。

1. 分布与危害

1963年在锡兰的印度蜂体上发现。我国1964年在广西的意蜂上也采到此螨，后来在江西的中蜂体上也发现这种螨。已报道在斯里兰卡及我国的广东和四川发现这种螨。

寄主主要是意蜂、中蜂和印度蜂，也可寄生在鳞翅目、膜翅目、双翅目的昆虫体上。另外在植物花上也可找到这种螨。

新曲厉螨（*Neocpholaelaps indica* Evans）对蜜蜂的危害程度目前还不清楚。在广西3～4月紫云英花期，蜜蜂体上附着大量的螨，借助蜜蜂进行扩散。由于螨的数量大，从而影响蜜蜂的采集和导致行为的异常。

2. 形态特征

成螨中雌螨卵圆形，长549μm，宽397μm。

3. 生活史与习性

新曲厉螨只短期附着在蜜蜂上，不取食蜂体血淋巴。它的生活史可能在花上完成，以花粉为食。在香港，螨可在36种植物的花上找到，但特别喜欢栖息于椰子树和槟榔树上。成螨的寿命因性别、营养和环境中的水分不同而有差异。在同一条件下，雌螨比雄螨寿命长。

4. 防治方法

由于新曲厉螨不取食蜂体血淋巴，只是干扰蜜蜂的采集，因而对蜂群影响不大，一般结合大小蜂螨的防治，无须专门用药防治。

二、外蜂盾螨与背蜂盾螨

外蜂盾螨和背蜂盾螨均属真螨目，跗线螨科。

1. 分布与危害

外蜂盾螨（*Acarapis extervus*）（图3－12）最早在瑞士发现，背蜂盾螨（*Acarapis dorsalis*）（图3－13）最先在英国发现，现除在欧洲、南美洲、非洲和前苏联地区发现外，目前，在欧洲的斯堪的纳维亚各国，北美洲和澳大利及新西兰均有报道。

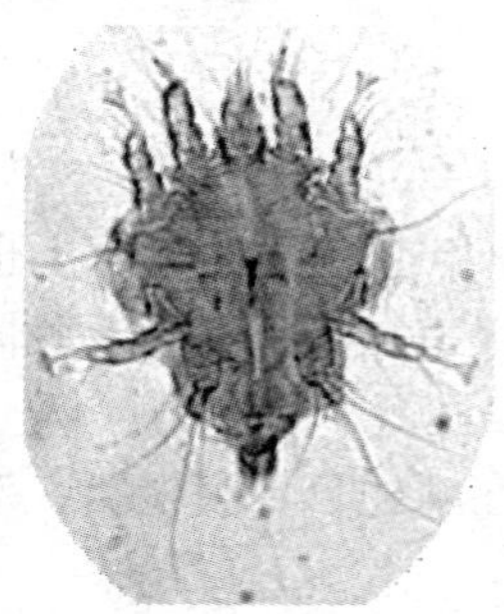

图3－12　外蜂盾螨

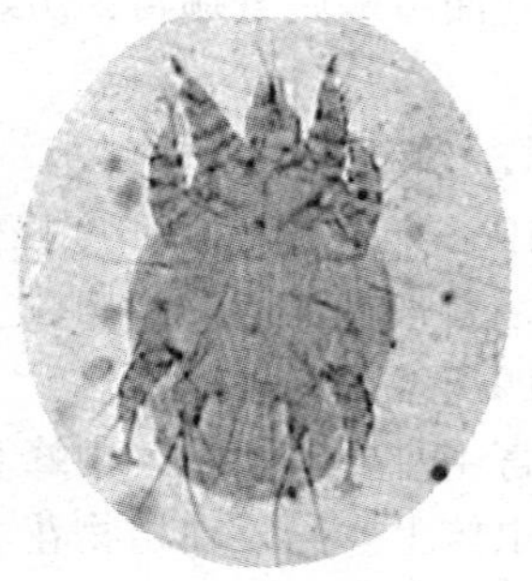

图3－13　背蜂盾螨

外蜂盾螨的生活区域仅限于成蜂头壳后的颈部的侧面或腹面（图3－14）。背蜂盾螨的生活区域只在中胸盾片与中胸小盾片之间的“V”形背脊沟内（图3－14）。卵、卵壳、幼螨及其蜕皮，常紧连着排成一行，位于背脊沟后部。

目前，只寄生西方蜜蜂各品种。

外蜂盾螨与背蜂盾螨对蜂群的危害和对经济价值的影响并不大。成螨和幼螨通过刺吸式口器吮吸蜜蜂颈胸部的体液，造成蜂群间接感染麻痹病。

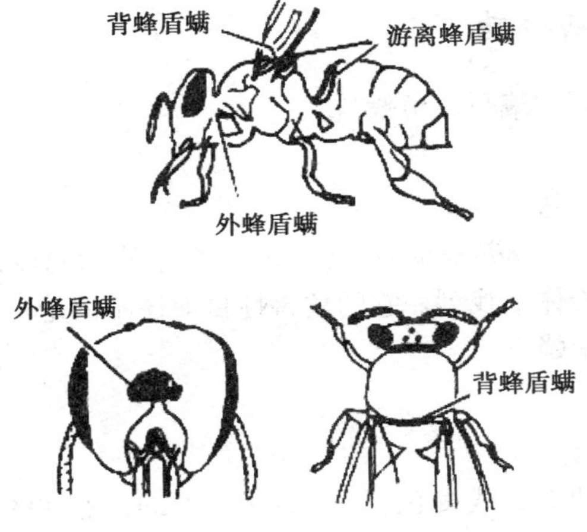

图 3－14　外蜂盾螨和背蜂盾螨的寄生部位

2. 形态特征

外蜂盾螨和背蜂盾螨形态上与壁虱很接近，区别在于各自不同的寄生部位。外蜂盾满的雄螨的第 4 对足的末节长度约为 11.8μm，而背蜂盾螨在 7.3～7.8μm。

3. 生活史及习性

关于外寄生螨的生活史的资料不多。据观察，外蜂盾螨在侵染蜂群后第 2 天即可产卵，卵期 4d，雌若螨 4d 后变成成螨，而雄若螨历期 2～3d。雌螨发育历期约 8d，雄螨 7d。

检查冬季死亡蜂和夏季飞翔蜂发现，外蜂盾螨和背蜂盾螨冬季寄生率最高，夏季最低。日龄越小的成蜂越敏感。据调查，将 40 只刚出房的蜜蜂介绍到病群中，2 个星期后有 31 只感染外蜂盾螨，20 只 4 日龄幼蜂有 6 只被感染；17 只 6 日龄幼蜂只有 1 只被感染。外寄生螨常侵染无王群，正常蜂群很少感染。

4. 防治方法

越冬前留足饲料，及时换王，加强保温，早春提前促进出巢排泄。对严重感染的蜂群，可参照壁虱防治方法，抽出封盖子脾，用药熏杀蜜蜂体外寄生螨。

三、柯氏热厉螨

柯氏热厉螨属寄螨目、厉螨科。

1. 分布与危害

柯氏热厉螨（*Tropilaelaps koenigerum*）与小蜂螨同属，由德国人首次在斯里兰卡的大蜜蜂体上找到。它的危害性目前还不清楚。除了大蜜蜂外，还可寄生于黑色大蜜蜂上。

2. 形态特征

成螨雌体卵圆形，浅褐色，长 684 ~ 713μm，宽 433 ~ 456μm（图 3 – 15）。若螨体未硬化，背毛和腹毛细，须肢趾节粗壮与成螨相似。

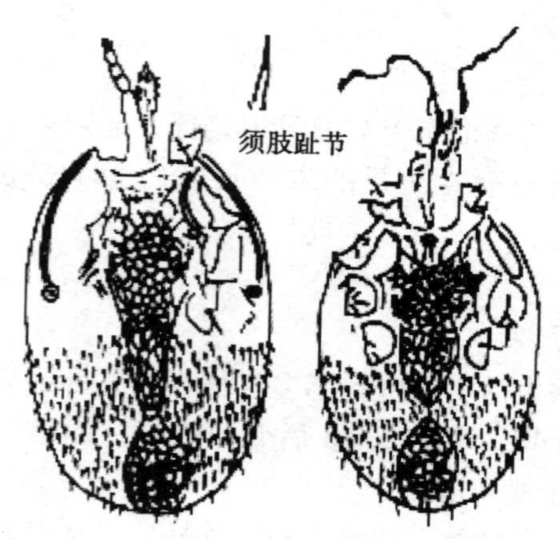

图 3 – 15　柯氏热厉螨成螨

（左♀，右♂）

T. korenigerum 为新描述寄生螨，有关它的生活史、习性及防治方法目前尚无报道。

四、巢蜂伊螨

巢蜂伊螨属寄螨目，厉螨科。

1. 分布与危害

巢蜂伊螨（*Melittiphis alvearius*）1896 年首次在意大利蜂箱内查到，后在英国等欧洲国家、新西兰的意蜂箱和加拿大来自新西兰的笼蜂上找到。

巢蜂伊螨除生活在蜂箱和携附在蜂体上外，其危害性尚不清楚。

2. 形态特征

雌成螨卵圆形，褐色，长宽各为 0.79mm 和 0.68mm；雄螨比雌螨小，体色浅，长宽各为 0.5mm 和 0.47mm。螨的幼虫期尚未发现，卵的形态目前尚不清楚。

3. 生活史及习性

巢蜂伊螨不是专性寄生种类，通常生活在蜂箱里。它的取食习性尚未观察到，可能取食节肢动物的卵。它可能是蜂箱内小型昆虫或其他螨的寄生螨或捕食者。

五、真瓦螨

真瓦螨属寄螨目，瓦螨科，为小蜜蜂的外寄生害螨。

1. 分布与危害

1974 年首次由菲律宾的 M. D. 德尔芬纳多和美国的 E. W. 贝克在小蜜蜂蜂巢内发现。美国的 P. 阿克拉坦纳库尔和 M. 伯吉特进一步证实真瓦螨（*Euvarroa sinhai*）是小蜜蜂幼虫的外寄生螨，而且仅寄生于雄蜂幼虫，在雄蜂幼虫封盖巢房内繁殖。1987 年，印度的 R. C. 希哈在本国意蜂上也发现了真瓦螨的寄生，但对意蜂并不构成威胁。雌螨一般随雄蜂羽化出房，寄生于雄蜂胸部、胸侧片和胸腹节之间。

2. 形态特征

真瓦螨分为卵、幼虫、前期若虫、后期若虫和成虫 5 个虫态。雌成螨棕色，阔梨形，体长 1.04mm，宽 1.00mm。与雅氏瓦螨的主要区别是，颚沟有 13～14 枚小齿，胸板无隙状器，胸毛 3 对。幼虫在卵内形成，蜕皮后破卵而出，成为前期若虫。

3. 生活史及习性

真瓦螨是蜜蜂一种次要螨，对养蜂生产危害不大。有关生活史及习性尚无报道，没对其进行防治的必要。

第五节 侵袭性蜘蛛

蜘蛛身体分为头胸部和腹部2部分，头胸部和腹部之间有一腹柄。足4对，没有触角，具钩角口器附肢。头部具螯肢、触肢。口器由螯肢、触肢基板、上下唇等部分组成，具有捕捉、压碎食物、吮吸汁液的功能。腹部呈卵形、椭圆形、球形等，还具有独特的纺丝器。所有蜘蛛都是捕食性的，主要取食昆虫。有些蜘蛛积极主动，喷射毒液使猎物致死，有的如蟹蛛那样躲在花中捕食毫无防备的采集蜂、蝇或甲虫。多数蜘蛛依靠结网来诱捕猎物。已知危害蜜蜂的蜘蛛有球腹蛛科、蟹蛛科、漏斗蛛科、肖蛸科和圆蛛科。

一、球腹蛛科

球腹蛛对蜜蜂危害较大。体中小型，体长2～10mm，喜结大而美丽的丝网。最喜食蜜蜂，但会将臭虫和毛虫剔除掉。

在蜂蜜丰收年份，球腹蛛非常稀少；而在球腹蛛较多年份，在10d左右就会损失几万只野外采集蜂，在某些丝网上，蜜蜂的残骸犹如弹子那么大。据调查捕食蜜蜂的球腹蛛有白色大球蛛（*Epeira obesa*）、红黄球蛛（*Epeira raji*）和灰暗球蛛（*Epeira domiciliorum*）。

二、蟹蛛科

蜘蛛中蜜蜂敌害的第二大科。蟹蛛体长3～10mm，体躯短而宽，有点类似一只螃蟹，足伸开如螃蟹姿态，多数时间往左右和向后行走。蟹蛛不会结网，也不结巢，通常在地面或植物上活动，也躲藏在花上，捕食比自己体大的蜂和蝇。Toumanoff 认为，*Thomisius onustus* 和 *Thomisius rotundatus* 两种蟹蛛能飞快捕杀蜜蜂，取食完一只蜜蜂后会再返回捕食另外蜜蜂。蟹蛛主要取食蜜蜂体液，取食一只要花去数小时。取食时，蜜蜂体躯可被解离，但不会出现任何取食伤口标志。

另外一种常见蟹蛛（*Misumena vatia*），体色艳丽，能在数天内改变颜色，与花的颜色相混合。它的取食姿势很典型，在花上2对长前足伸开，2对短后足支撑在花上。当前足碰到蜜蜂后会迅速收拢，准备取食。Bromley也提到一种黄色蟹蛛（*Misumena aleatoria*），它在金枝花上等待，捕食蜜蜂。

三、漏斗蛛科

鬼面网蜘蛛为中小型蜘蛛，会结漏斗网。它们常在杂草丛中结许多网，蛛体潜藏在漏斗网的尖细溢口处。Bromley观察到一种草地结网蜘蛛（*Agelena navia*）的丝网内有4只被取食的蜜蜂。Borchert鉴定出其他草地蜘蛛*Agelena labyrinthica*为法国蜜蜂的一种虫害，它在石南灌丛大量出现并结网，每一个蛛网上可找到30只死蜜蜂。

此外，在草地出现的捕食蜜蜂的蜘蛛还有肖蛸科的种类，圆蛛科的黑金黄金蛛（*Agriope aurantia*）、金银金蛛（*Agriope trifasciata*）。

蜘蛛不是主要蜜蜂虫害，防治看起来不太必要。在有采集蜂大量飞翔的地方，经常清除蜂群和有蜘蛛出现的蜂场地区的蛛网，就可减轻蜘蛛对蜜蜂的捕杀。

蜜蜂病毒病及其防治

蜜蜂病毒病世界已报道约 18 种，共发现病毒毒株约 20 株（表 4－1）。蜜蜂病毒病可发生于幼虫期、蛹期或成虫期，以成虫期的病毒病种类最多。目前已发现的蜜蜂病毒均为裸露的病毒粒子，至今尚未发现多角体病毒。

表 4－1　蜜蜂各种病毒的特征一览表

病　毒	直径（nm）	S_{20W}	浮密度（g/ml）	核酸类型，分子量（$\times 10^6$）	全基因组长度（nt）	蛋白质分子量（kDa）
囊状幼虫病毒	28	160	1.33	RNA　2.8	8，832	29.5，30.5，31.5
囊状幼虫病毒（泰国毒株）	30	160	1.35	RNA　2.8	—	30，34，39
囊状幼虫病毒（中国毒株）	30	160	1.35	RNA　—＊	—	—
慢性麻痹病病毒	20×30～60	80～130	1.33	RNA　3.3	—	23.5
慢性麻痹病卫星病毒	17	41	1.38	RNA　1.0	—	15
云翅粒子	17	49	1.38	RNA　0.45	—	19
急性麻痹病病毒	30	160	1.37	RNA　—	9，491	9.4，24，33，35
以色列急性麻痹病病毒	27		1.33	RNA　—	9，499	17，26，33，35
缓慢性麻痹病病毒	30	176	1.37	RNA　—	—	27，27，46
克什米尔蜜蜂病毒	30	172	1.37	RNA　—	—	24，27，31
克什米尔蜜蜂病毒（澳大利亚毒株 3 株）	30	172	1.37	RNA　—	9，524	25，33，36，40，44
埃及蜜蜂病毒	30	165	1.37	RNA　—	—	25，30，41
黑蜂王台病毒	30	151	1.34	RNA　2.8	8，550	8.1，26.3，30.2，31.2
蜜蜂 X 病毒	35	187	1.35	RNA　—	—	52
蜜蜂 Y 病毒	35	187	1.35	RNA　—	—	50

（续表）

病　毒	直径（nm）	S_{20W}	浮密度（g/ml）	核酸类型，分子量（$\times 10^6$）		全基因组长度（nt）	蛋白质分子量（kDa）
蜜蜂虹彩病毒	150	2216	1.32	DNA	—	—	—
蜜蜂线病毒	150×450	—	1.28	DNA	—	—	13～17
蜜蜂死蛹病毒	33×42	—	—	—		—	—
蜜蜂大幼虫病毒	30	—	—	—		—	—
蜜蜂残翅病毒	30	—	—	RNA	—	10，140	28，32，44
Kakugo 病毒	—	—	—	RNA	—	10，152	
荻斯瓦螨病毒	27	—	—	RNA	—	10，112	32，46

注：*未测定

第一节　囊状幼虫病

一、发生情况

许多研究者对囊状幼虫病和病原作了描述，而首次确定囊状幼虫病为病毒病的是美国的 White。Steinhaus、Brack、Svobodo 和 Kralik 根据电子显微镜的观察，首次报道了病毒粒子的大小和形状，此后由 Bailey、Gibbs 和 Wooods 作了鉴定性研究。Lee 和 Furgala 进一步从被感染的幼虫组织中和注射了提纯病毒悬液的成蜂组织中通过超薄切片的方法，找到了病毒粒子。最近的研究表明，病毒可侵染幼虫和成蜂的许多组织。

囊状幼虫病最早在美国发现后，现已在加拿大、澳大利亚、丹麦、英国、瑞典、法国、俄罗斯、埃及、新西兰、新几内亚、中国等几乎全世界的养蜂国家发现。病害发生的早期曾广泛流行过，造成很大的损失。但近年来病害有减轻的趋势，一般养蜂员很少认为囊状幼虫病是个严重的威胁。

二、病原

引起囊状幼虫病的病原为蜜蜂囊状幼虫病毒（Sacbrood virus，SBV），病毒粒子无囊膜，核衣壳为正二十面体对称。病毒粒子直径为 28nm，沉降系数为 160S，浮密度（CsCl）为 1.33g/ml（pH 值 7.0～9.0，<4.0 时不稳定），基因组为长 8832nt 的单链 RNA（GneBank 收录号：AF092924），分子量为 2.8×10^3kDa，碱基比为 A：C：G：U＝29.79：16.35：24.36：29.48。

基因组包含唯一开放阅读框（open reading frame，ORF），起始于第179位核苷酸，终止于第8752位核苷酸，编码一个长2 858aa的聚蛋白，其分子量为320.7kDa。衣壳蛋白由3种主要蛋白质构成，分子量分别为31.5kDa、30.5kDa、29.5kDa（图4-1）。

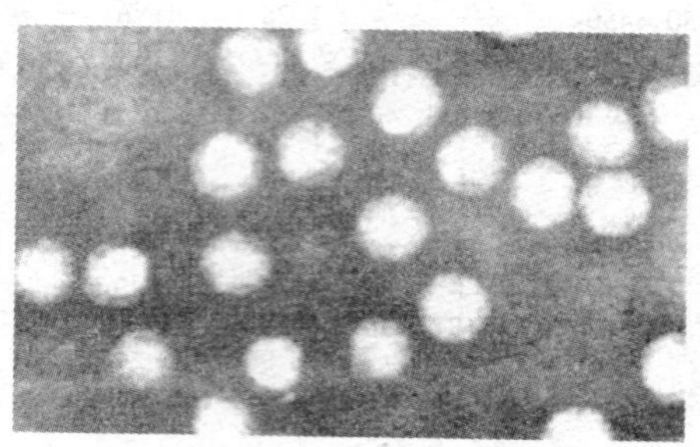

图4-1　蜜蜂囊状幼虫病病毒粒子

三、症状

患病初期的幼虫不封盖即被清除，蜂王重新在被清理的空巢房中产卵，从而许多巢房虫态不一，形成“花子”或出现埋房现象。病害严重期，由于病虫数量大，工蜂清理不及，脾面上可见的典型病状为：初期病虫与健虫不易区别，随后体色逐渐由珍珠样白色变黄、黄褐、褐色，甚至黑色。伴随体色变化，虫体渐软化，大量的液体聚积于病虫躯体和它的坚韧的未蜕去的表皮之间。巢房不封盖或封盖被工蜂咬开，可见“尖头”。随虫体水分不断蒸发，干燥成一片黑褐色的鳞片，贴于巢房的一边，头、尾部略上翘，形如“龙船状”，腐烂虫体不具黏性，无臭味，易清除（图4-2）。

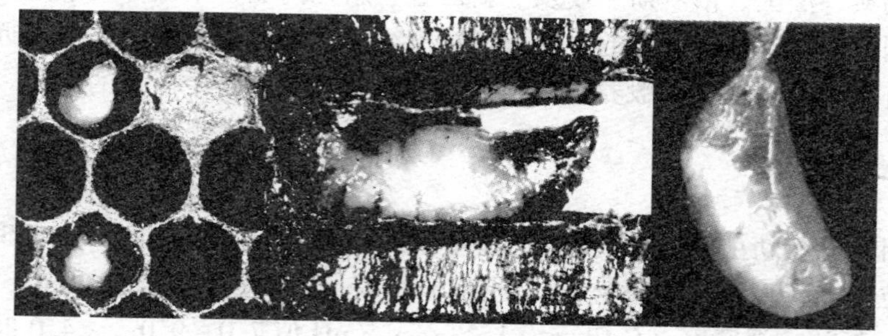

图4-2　病虫尸体呈“尖头”（左）、“龙船状”（中）、“囊状”（右）

四、病毒的增殖

病毒在幼虫体内的许多组织中增殖。但幼虫在封盖前一直保持正常的状态，直到前蛹期死亡，其原因为幼虫不能蜕掉它最后一层皮，坚韧的表皮内层未被溶解（可能幼虫在感染了病毒后，表皮腺体中分泌几丁质酶的结构被破坏）。在新、旧表皮间积累了蜕皮液，其中，含大量的病毒粒子。每只被囊状幼虫病致死的幼虫含 1mg 的囊状幼虫病毒，足以传染 1 000群蜂群中的每一只幼虫。2 日龄的幼虫对病毒最敏感。

病毒在成年工蜂体内也能增殖。脂肪体是其增殖的主要场所，其次则为头部，在头部积累着比躯体其他部位都多的病毒粒子。大量的病毒是在脑部及咽下腺内。病毒也能在雄蜂的脑部增殖，而且其数量比在工蜂脑中多得多，据推测有 0. 1mg 左右的病毒，至少为工蜂脑中的 100 倍。

五、病毒的传播

因病致死的幼虫尸体内积聚着的病毒可能成为污染物而使其他健康的幼虫致病，但在自然环境中，囊状幼虫病通常仅是少量发生。即使发病严重的病群，在夏季病害往往自动地明显减轻，这是因为内勤蜂能在幼虫患病初期很快发现病虫并立即将其清除。在夏季之初，蜂群群势达到最大，而蜂王产卵数开始减少，幼虫与成年蜂之比逐渐下降，有足够数量的内勤蜂清除病虫。另外，在干热的夏季，病毒迅速地失去活性，其感染力在虫尸中只能保留约 4 个星期。

虽然在夏季囊状幼虫病实际上是自愈了，病毒感染力在蜂群中也不能保持很长时间，并且冬季蜂群越冬，群内也不存在幼虫，但囊状幼虫病却能在第二年春复发，并年年如此。这可以肯定地认为，疾病是由没有明显症状的成年工蜂提供体内增殖的病毒所致，年幼的工蜂最易受病毒感染，而它们的工作又是清巢与哺育。它们在清除病虫时因啃咬与拖拉，吞咽了病虫的液体成分（如蜕皮液），在 24h 内这些病毒被聚集到头部腺体，在哺育过程中又将病毒传播给健康的幼虫。但是，被侵染的工蜂肯定不是高效的传播媒介，至少它们不能传播那么多的病毒，否则夏季病害不会自愈。有许多例子说明是由于被感染工蜂行为上的改变，阻止了病毒的传播。

行为的改变表现在：①被病毒感染的工蜂很快停止取食花粉；②停止哺育工作；③停止清巢工作，提前出巢从事采集活动，并且只采花蜜不采花粉

（极少数例外）。伴随着这些行为的发生，被感染的工蜂新陈代谢速率下降，寿命缩短，由病毒激发的这些作用进一步减少了这些工蜂传染病毒及活过冬季的机会。因新陈代谢速率下降，抗寒性也下降，易受冻，再加上停食花粉，缺少蛋白质与其他重要物质的补充，更难顺利越冬。

但在早春，蜂群内分工往往不明确，并且少量被感染的工蜂熬过冬季，这时这些幸存者就成为疾病传播者，病毒就由它们传播给幼虫，造成病害在春季的流行。

六、流行规律

一年一般只有一个发病高峰，即越冬后蜂王重新产卵起开始发病，3～4月则是高峰期，因此，时温度适宜，多雨潮湿，群内幼虫与成虫比例大，哺育力、清巢速度、蜂群保温相对较弱。进入夏季病害明显减轻并自愈。秋季极少发病，有些年秋季多雨，环境类似早春，则可见到病虫。

七、诊断方法

一是通过典型症状进行诊断。在早春繁殖期蜜蜂开始采集时，可见工蜂从巢内拖出病死幼虫，蜂箱前也可见到散落的虫尸。打开蜂箱，提出封盖子脾，若发现子脾上有“花子”现象或穿孔露出患病幼虫上翘的头部，拉取病虫，可见虫体末端明显的小囊，可初步诊断为囊状幼虫病。

二是取患病幼虫若干，进行离心、提取、纯化，用提取纯化物制备电镜片，于电镜下观察到球形病毒粒子，即可确诊。

三是分子生物学诊断。实验室可采用 RT-PCR 方法对感染蜜蜂幼虫的 SBV 进行诊断。采用结果表明 RT-PCR 要比 ELISA 方法更为灵敏，检出率明显高于 ELISA 方法（表 4－2）。

表 4－2　用于进行 RT-PCR 的几种特异性引物（引自 Elvira Grabensteiner，2001）

序号	引物序列（5′ to 3′）	在序列中所处位置	产物长度（bp）
1	Forward：ACCAACCGATTCCTCAGTAG	221 － 240	487
	Reverse：CCTTGGAACTCTGCTGTGTA	689 － 708	
2	Forward：GTGGCAGTGTCAGATAATCC	2351 － 2370	834
	Reverse：GTCAGAGAATGCGTAGTTCC	3166 － 3185	
3	Forward：ACCGTTGTCTGGAGGTAGTT	3856 － 3875	267
	Reverse：GCCGCATTAGCTTCTGTAGT	4104 － 4123	

（续表）

序号	引物序列（5′ to 3′）	在序列中所处位置	产物长度（bp）
4	Forward：ATATACGGTGCGAGAACTGC	5707 - 5726	897
	Reverse：CTCGGTAATAACGCCACTGT	6585 - 6604	
5	Forward：AATGGTGCGGTGGACTATGG	8038 - 8057	597
	Reverse：TGATACAGAGCGGCTCGACA	8616 - 8635	

八、防治措施

意大利蜜蜂的囊状幼虫病发病率低，发病程度很轻，一般年景只要蜂群越冬期间做好保温，不必进行特别的防治。若特殊年景发病较重，则可参照东方蜜蜂囊状幼虫病的防治方法予以防治。

第二节　东方蜜蜂囊状幼虫病

1981 年 Bailey 报道了从泰国的印度蜜蜂（*Apis cerana indica*）上分离的一株囊状幼虫病病毒毒株，与西方蜜蜂（*Apis mellifera*）的囊状幼虫病病毒密切相关，但有其独特性，称之为囊状幼虫病病毒泰国毒株 Sacbrood（Thai strain：*Apis cerana*）。其症状与西方蜜蜂囊状幼虫病十分相近，病毒的直径为 30nm，沉降系数 160S，浮密度（CsCl）为 1.35g/ml，基因组分单链 RNA，分子量为 2.8×10^3kDa，这些特性与囊状幼虫病病毒一致，但其蛋白质组分与囊状幼虫病病毒不同（图 4－3）。

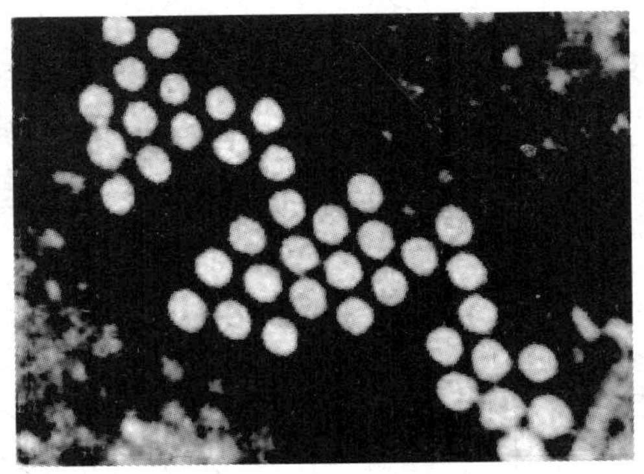

图 4－3　中华蜜蜂囊状幼虫病病毒粒子

1971 年我国广东也发生中华蜜蜂（*Apis cerana cerana*）囊状幼虫病，病情严重并很快蔓延至全国。但由于当时国内昆虫病毒病的研究基础薄弱，对该病害的研究重点放在防治方法的研究上，对病原研究甚少。直到 1984 年董秉义等人的研究才证明中华蜜蜂囊状幼虫病病毒与西方蜜蜂囊状幼虫病病毒除形态大小相似外，二者在交互感染试验及血清学反应中均表现出不同的特异性。作者认为，中华蜜蜂囊状幼虫病可能是由一种在生物学特性、血清学关系上与意大利蜜蜂囊状幼虫病毒不同的新毒株引起的。但要证实这株新病毒，有待于进一步研究。提取的中华蜜蜂囊状幼虫病毒直径为 30nm，但有许多理化特性有待于进一步确定，现暂定名为囊状幼虫病病毒中国毒株（Sacbrood，Chinese strain：*Apis cerana cerana*）。

本节着重介绍中华蜜蜂囊状幼虫病。

一、发生情况

1971 年冬，广东省佛冈、从化、增城等地首先发生了中华蜜蜂囊状幼虫病，次年全省流行。很快就迅速蔓延到福建、江苏、江西、浙江、安徽、湖南、四川、青海、贵州等省，现已蔓延至全国的中华蜜蜂饲养区。病害在新区暴发时，传染速度极快，危害性很大，可造成 30% ~90% 的蜂群损失。老病区病害虽已趋向平稳，但某些年份也会突然重新短暂的流行，如福建省的部分地区 1990 年春中华蜜蜂囊状幼虫病又局部流行，造成了约 50% 的蜂群损失。近年又有新的变异毒株出现，广大中蜂饲养地区应加强病害监测。

二、症状

6 日龄大幼虫死亡，30% 死于封盖前，70% 死于封盖后，发病初期出现“花子”，接着即可在脾面上出现“尖头”，抽出后可见不甚明显的囊状。体色由珍珠白变黄，继而变褐、黑褐色。封盖的病虫房盖下陷、穿孔。虫尸干后不翘，无臭，无黏性，易清除。

三、病害的消长与外界环境因素的关系

每当气候变化大，温湿度不稳定，蜂群又处于繁殖期时容易发病，广东、福建病害终年可见，但发病高峰期一般从当年 10 月至翌年的 3 月，以当年 11 ~12 月及翌年 2 月下旬至 3 月为最高峰，4 ~9 月通常病害下降，夏季常自愈。

发病严重与否主要与气温有关。温度低，温差大，蜂群保温差，易发病，特别是早春寒流袭击后，病害发展更为迅速。春季摇蜜蜂子易受冻再加上机械损伤，所以常表现为每摇一次蜜，病害加重一次。

另外疾病与食物也有关。病害的大爆发一般伴随着大流蜜期的到来而出现，在福建，季节上多见于清明后及冬初，温度不稳，而蜂群小脾大，一旦缺蜜，幼虫营养不足，质量下降，抵抗力也下降。有时流蜜盛期，气温晴暖，却大流行，主要原因是取蜜太频繁，群内蜜粉不足，幼虫缺食。

夏、秋疾病自然好转，是由于温度稳定，天气干燥。蜂王减少产卵，成年蜂与幼虫比例大，为了度夏群内一般饲料较足，幼虫饲喂好，发育健壮，少量病虫很快被清除，残存于巢内的病毒在干燥的夏季迅速失去感染力。

四、传播途径

病虫是主要传染源，通过工蜂的饲喂活动传播至健虫。早春及初冬，被侵染的工蜂则是传染源。传染是经口进行，病毒随食物进入幼虫体内。

五、诊断方法

诊断方法可参照囊状幼虫病，根据典型症状可作出初步诊断，确诊需进行电镜检查。

六、防治措施

1. 保温

越冬期保温要做好，除了箱内隔板外塞入草把外，箱外也要用草帘包裹。

2. 换王

及时换王。在可以换王的时候，及时换王，既保证蜂群新王繁殖，也提高蜂群对病害的抵抗性。换王抑制病害的意义在于：①断子，箱内缺少寄主，切断传染的循环，减少主要传染源；②体内带毒工蜂无虫可育，出巢采集，新出房的工蜂因群内无病虫，无需清除病虫，不会受到感染，在哺育下一批新王产卵孵化的幼虫时不成为传染媒介。③通常新蜂王生活力强，带毒也少。

3. 中草药治疗

国内筛选了许多有一定疗效的中草药，现介绍几种。

①虎杖 30g，金银花 30g，甘草 12g。

②穿心莲 60g。

以上二方任选一方，煎浓液，兑入白糖适量，搅拌使其完全溶解，于傍晚饲喂蜂群，每天用量以蜜蜂当天能吃完为宜，勿多，以防引起盗蜂，连喂 10d 为 1 个疗程。

③华千金藤（又名海南金不换），10 框蜂用 10g。

④半枝莲（又名狭叶韩信草），10 框蜂用 50g 干药。

⑤七叶一枝花 0.3g，五加皮 0.5g，甘草 0.2g。

上述 3 个配方经煎煮、过滤、浓缩，配成 1∶1 白糖水饲喂，每群每次喂 500ml 药物糖浆，连续或隔日喂，饲喂量掌握蜜蜂当日吃完为宜，4～5 次为 1 个疗程。谨防盗蜂。

第三节　慢性蜜蜂麻痹病

一、发生情况

1933 年之前只有一种统称，欧美养蜂者将自己所不了解的成年蜂病害统称为“瘫痪病”。1933 年之后专指由病毒引起的蜜蜂成年蜂病害。而明确慢性蜜蜂麻痹病病毒则是 1963 年由 Bailey 分离出的。至此，才对病原进行了较为详细的研究。

这种病害传播极为广泛，在全球养蜂区域内，到目前除南美洲以外，其余的各大洲均已分离出病原。

在我国这种疾病主要发生于南方潮湿、气温较高的地区，一般不会引起较大的损失，但有时也会造成严重危害。北方寒冷地区较少见，即使发生也仅限于少数蜂群。

二、病原

引起慢性蜜蜂麻痹病的病原为慢性蜜蜂麻痹病病毒（Chronic bee paralysis virus，CBPV），Bailey 于 1963 年分离获得。病毒粒子形状为椭圆形，直径皆为20nm，长度为30、40、55、65nm 4种（图4-4），沉降系数分别为82S、97~106S、110~124S、125~136S，但在CsCl中浮密度相同，均为1.33g/ml，而且在电泳中呈现单一成分的泳动。病毒粒子由一个23.5kDa的衣壳蛋白和5个单链RNA构成，其中2个长度分别为3 674nt和2 305nt的较大的单链RNA，分子量分别为1.35×10^3kDa和0.35×10^3kDa，3个较小的单链RNA长度均为1 100nt，分子量为0.9×10^3kDa。但Olivier等推测3个较小的单链RNA很可能为慢性蜜蜂麻痹病病毒卫星病毒的RNA。

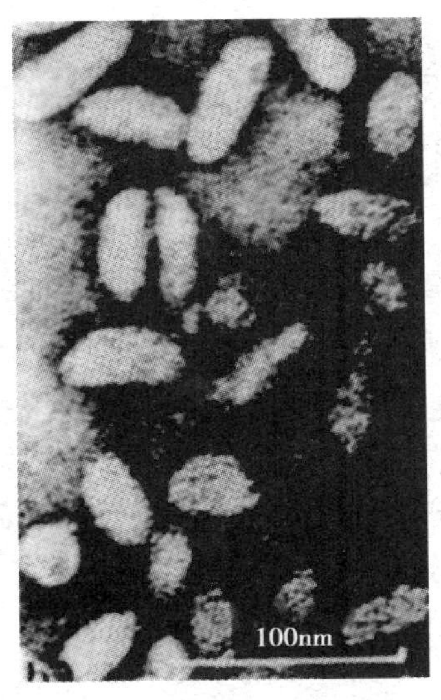

图4-4　慢性麻痹病病毒粒子

在CBPV的提纯样品中，有时可见空颗粒，与一些奇形怪状的长度达640nm的颗粒，有环形、8字形、带柄的环形和分叉的棒状，法国也报道了空颗粒。

CBPV不同长度的颗粒具有相同的性质，但长度不同的颗粒所含的核酸大小不同，短粒子所含核酸最小，最不完整，长粒子所含核酸最大，最完整。病毒粒子感染力与粒子的长度成正比。最大的感染力与最长的颗粒是相关联的，可以推测，最长的颗粒具有最完全的信息，感染后复制顺利，故而感染力最大；而短粒子所携带信息有缺陷，感染后需别的粒子提供信息，复制不顺利，所以，感染力最小。但它可以起补充作用，能增强长颗粒的感染力。Reinganum在澳大利亚发现，春天蜜蜂麻痹病病毒提纯制品中长颗粒显著地比秋天少。这个发现是重要的，因为在澳大利亚秋天病害比春天严重得多。

三、症状

慢性蜜蜂麻痹病有2种独特的症状，分为Ⅰ、Ⅱ两型。

1. Ⅰ型

被感染的蜜蜂双翅及躯体反常地震颤，病蜂不能飞翔，常在蜂箱周围的地面或草茎上爬行，有时上千只个体结成团，并常见它们在蜂箱内的上部挤成团，腹部肿胀，翅由于脱位而伸展开。腹部肿胀是由于蜜囊充满液体而引起，肿胀的机械压力作用加速发生了“痢疾”。患病个体常在5~7d死亡。这种疾病在欧洲曾被称作杉毒病，因为当时认为与蜜蜂从森林中采集花蜜有关。

2. Ⅱ型

俗称颇多，如“黑强盗”、“小黑蜂”、“黑色病”等。这一型病蜂，刚被侵染时还能飞翔，但它的体表茸毛脱落，呈现出黑色的相对大的腹部，个体略小于健蜂。黑色的腹部呈油腻状。病蜂常被健蜂啃咬攻击，将其驱出蜂群，当它回巢时，又遭守卫蜂的阻挡，于是行踪不定，到多群蜂的巢门口盘旋，这样它们好像是盗蜂。几天后蜂体表现震颤，不能飞翔，并迅速死亡（图4-5）。

图4-5　慢性麻痹病的Ⅱ型症状

这2型症状，常在一个蜂群中发生，但通常为一种或另一种占优势，而出现症状多型性的原因至今尚不甚明了。Rindevev 和 GreEn 认为可能是与同时感染了另一种大于急性麻痹病病毒颗粒的正二十面体病毒颗粒有关。

四、病毒的增殖和传播

从一只患慢性蜜蜂麻痹病的死蜂中可提取出 10^{10} ~ 10^{11} 个病毒颗粒，大约有一半数目在头部。蜜蜂的许多组织被病毒侵染，包括脑、神经节、上颚腺、咽下腺，在这些组织细胞的细胞质中增殖，但病毒不侵染肌肉组织和脂肪组织。

经口侵染而引起发病需要 10^{10} 个病毒粒子；但由血淋巴注射，只需要大约 10^2 个或更少的病毒粒子就可引起发病；而采用喷射接种，引起发病则需 10^9 ~ 10^{10} 个病毒粒子。

蜜蜂经由上述任一方式接种而被感染后，经5~7d 便出现不飞翔、颤抖等症状，再过1天死亡。感染后饲育温度对死亡与否影响极大，在30℃条件下饲育，死亡慢。温度越低，死亡越慢。在35℃条件下饲育，则在5~7d 表现症状并迅速死亡。但在30℃条件下饲育的病蜂其体内病毒颗粒数量则多于35℃条件下饲育的病蜂。

病毒颗粒在蜂群中的传播通过以下几个途径进行。

①由于蜜蜂具有分食性，而在病蜂的蜜囊、上颚腺及咽下腺中有大量的病毒粒子，因此在分食过程中，足以使几只健蜂得病。

②因为头部腺体中含有病毒粒子，所以病蜂在病害潜伏期内采回的花蜜、花粉中也含有大量的病毒粒子，健蜂吞食被污染的花粉后被感染。而花蜜中的病毒粒子被稀释，对疾病的传播不起太大的作用。

③病毒直接进入蜜蜂血淋巴，在自然界中是经表皮上刚毛被破坏而留下的微孔中侵入。而刚毛的破坏则是由于自然群集、人为群集或异常群集时蜂体间的互相摩擦，造成了刚毛的折断，留下伤口。通过伤口的侵入是高效的。因为病毒直接进入血淋巴引起疾病的病毒量仅需 10^2 个或更少。

慢性蜜蜂麻痹病的易感性是严格地受遗传及其他多元因素的制约，抗感染的遗传性可长期稳定存在，所以侵染虽十分普遍，但发病却有限度。许多外观上正常的蜂群，可能是隐性感染的，其中被感染的个体数可达总数的30%。另外，由于绝大多数病蜂死于距蜂群较远的地方，所以很多病群可能会被误认为健群。

五、病害与环境因素的关系

慢性蜜蜂麻痹病在蜂群内的发生与传播有较明显的季节性，多发生于仲夏至初秋，符合其致病的温度效应（≥35℃）。这时期蜂群一般刚采完小暑蜜，群势普遍下跌，外界炎热，又缺乏蜜、粉源、群内饲料不充裕，蜂群缺乏生气，在这种情况下易突然爆发慢性麻痹病。但病原并不是此时才进入蜂群，而是由早期患病的那部分蜜蜂传播开的。

另外，Kulincevic 等注意到，当蜂群失王时，慢性麻痹病在蜂群中迅速发生，但原因目前尚不明了。

六、慢性蜜蜂麻痹病病毒的卫星病毒

这是一种经常与慢性蜜蜂麻痹病毒相随出现的微小的正二十面体的颗粒（图 4－6），其特征为：直径 17nm，沉降系数 $41S_{20w}$，浮密度（CsCl）1.38g/ml。基因组 RNA 总分子量为 1.0×10^{3}kDa，由 3 个长度均为 1 100nt，分子量 0.35×10^{3}kDa 的单链 RNA 组成。蛋白质分子量为 15kDa。这种病毒与慢性蜜蜂麻痹病病毒无血清学关系，当将其单独注射入蜂体血体腔时，它不能增殖，只有将它与慢性蜜蜂麻痹病病毒共同注射时，它才增殖。因此它是慢性麻痹病病毒的“卫星”病毒，它的增殖需要慢性麻痹病病毒提供部分遗传信息。慢性麻痹病病毒则成为它的“助手”病毒。当“卫星”病毒与“助手”病毒一同进入寄主后，因“卫星”病毒利用了“助手”病毒的部分遗传信息，所以“卫星”病毒妨碍了“助手”病毒的增殖。在慢性麻痹病中，“卫星”病毒尤其妨碍了传染性最大的粒子的增殖。现初步证明，“卫星”病毒影响了慢性麻痹病病毒的装配过程，“卫星”病毒在装配中利用了慢性麻痹病病毒的衣壳蛋白。在蜂群中，“卫星”病毒在蜂王中比在工蜂中更常见，这意味或反映了不同个体具不同的抗慢性麻痹病病毒的防御机制。

七、诊断方法

可通过典型症状和发病季节作出初步诊断，确诊可进行电镜观察或血清学诊断。

还可进行分子生物学检测。可通过 RT-PCR 方法检测 CBPV 的 RNA 聚合酶基因片段，引物序列：

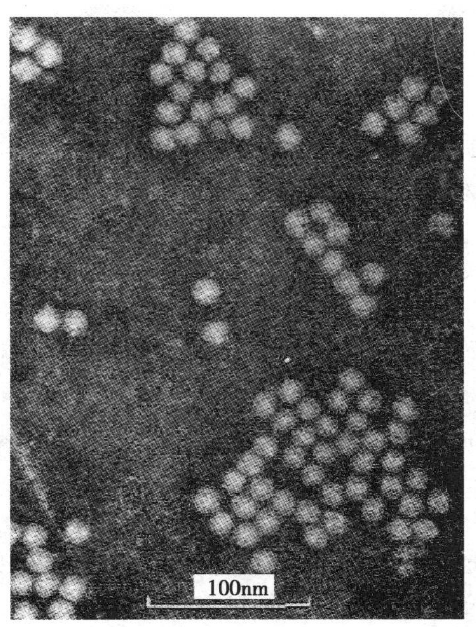

图 4－6　慢性麻痹病病毒的卫星病毒粒子

CBPV-F：5′-AGTTGTCATGGTFAACAGGATAC-GAG-3′

CBPV-R：5′-TCTAATCTTAGCACGAAAGCCGAG-3′，

产物长度：455bp

八、防治措施

1. 选育抗病品种

美国专家曾经从美国的抗美洲幼虫腐臭病的“褐系”蜜蜂中选育出抗慢性麻痹病的抗性品系，并认为这种选育相对较容易，绝大多数的选育在 3～4 代后即可完成。

2. 加强饲养管理

根据病毒增殖与温度（35℃）的关系，春季选择高燥之地，夏季选择阴凉场所放蜂，及时清除病、死蜂。

3. 药物防治

(1) 硫黄粉洒箱底及巢框上梁　用量20g/5 框蜂，1～2 次/周，或用升华硫适量洒于蜂路间。作用机理可能为硫黄能杀死被病毒侵染的病蜂。但需注意的是，升华硫对未封盖幼虫具毒性，若用量掌握不当，极易造成幼虫中毒。

(2) 用胰核糖核酸酶防治　用法可以是喷成年蜂体，或加入糖浆饲喂。后者效果较好，因为酶能破坏蜜蜂肠里的病毒，但对已进入组织细胞的病毒不起作用。因此，必须在幼年敏感蜂的食物里连续加入才能提供保护。

(3) 中药防治　养蜂实践中也有一些中药方对蜜蜂麻痹病有一定效果。

① 在糖液中加入 3% 的蒜汁，每晚每群喂 300～600g，连续 7d，停药 2d，再喂 7d，直至病情得到控制。

② 贯众 9g，山楂 20g，大黄 15g，花粉 9g，茯苓 6g，黄芩 8g，蒲公英 20g，甘草 12g，加水 4kg，煎至 3kg，将药液过滤后，加白糖 1kg，可治 5 群蜂。傍晚用小壶顺蜂路浇药液，每群喂 125g，连续 4 次。

③ 山楂 25g，厚朴 25g，云林 25g，贡术 25g，泽泻 25g，莱菔子 25g，生军 25g，丁香 25g，丑牛 25g，甘草 5g，加水 3 000ml煎熬半小时滤渣，取药液加入饱和糖浆 5kg，可喷喂 100 脾蜂，3d 喂 1 次，病情好转后停止使用。

第四节　急性蜜蜂麻痹病

一、发生情况

1963 年 Bailey 在研究慢性蜜蜂麻痹病病毒时，急性蜜蜂麻痹病作为一种实验室现象而被发现，但现已证明急性蜜蜂麻痹病病毒能引起自然界中蜜蜂的死亡。目前，已报道发现急性蜜蜂麻痹病的国家不多，有澳大利亚、法国、墨西哥、比利时、英国、俄罗斯、德国、中国。

二、病原

引起急性蜜蜂麻痹病的病原为急性蜜蜂麻痹病病毒（Acute bee paralysis virus，ABPV）。1963 年 Bailey 于症状为慢性麻痹病的病蜂中与慢性麻痹病病毒一起分离得到。病毒粒子直径为30nm的正二十面体等轴粒子，沉降系数为160S，浮密度为1.37g/ml（CsCl），可随溶液的pH值变化而变化，pH值7.0时为1.34g/ml，pH值8.0时为1.36g/ml，pH值9.0时为1.42g/ml。用磷钨酸作负染时，有些颗粒呈空壳现象。基因组分为单链RNA，长度为9 491nt（GenBank收录号：AF150629），有2个开放阅读框（ORF1和ORF2），由184nt的基因间隔区分隔开。5′端ORF1（605～6 325nt）推测编码解旋酶、蛋白酶和依赖于RNA的RNA聚合酶等复制酶多聚蛋白，3′端ORF2（6 509～9 253nt）编码一个衣壳多聚蛋白，包括3个主要结构蛋白（35kDa、33kDa和24kDa）和1个次要蛋白（9.4kDa）。

三、症状

发现急性麻痹病病毒时，自然界中蜜蜂尚无自然发病的例子报道。采用人工接种（注射）的方式，使之感染，发现经接种后5～9d后变得不飞翔，然后很快死亡，在死亡前发生蜂体震颤，并且腹部膨大。

四、增殖与传播

一只患病的蜜蜂体内可提取大约10^{12}个病毒粒子。在实验室条件下，用饲喂的方法使蜜蜂表现症状需10^{11}个颗粒/蜂，而用注射的方法引起感染的病毒量为10^{2}个。通过饲喂，该病毒不在幼虫体内增殖。当蜜蜂食入的病毒量低于致死值时，病毒在成年蜂的许多组织中增殖，并不引起明显的伤害，除非一些病毒粒子进入蜜蜂血体腔，才会引起全身感染而死亡。病毒可在蜜蜂的脂肪体细胞的细胞质、脑部及咽下腺增殖。病毒粒子的增殖及引起症状与饲育温度密切相关。将病毒粒子注射到健康蜂的血体腔中，于35℃及30℃下饲育，结果其体内的病毒量35℃条件下的是30℃条件下的3倍还多。这种温度效应恰恰是与慢性麻痹病病毒相反。并且在35℃条件下带大量病毒粒子的试验蜂不表现症状，寿命与健康蜂几乎一样。而30℃条件下饲育，则5日后即表现症状，很快死亡。造成这种现象的原因可能有2个。

①病毒的毒力30℃条件下大于35℃条件下。

②一些与生命攸关的组织受到保护，而其他组织中增殖的病毒对活蜂影响不大。另外，在实验室中，用抗血清注射的成年蜂，能抗经口或注射的病毒粒子的侵染。

在自然界中，急性麻痹病病毒可通过以下几个途径传播。

①成年蜂的咽下腺分泌物。

②被污染的花粉，但这两者很难使蜜蜂获得致死的剂量。

③通过媒介高效的传播。

现已发现，大蜂螨是该病毒的传播媒介。急性麻痹病病毒可在雌性大蜂螨体内存活，当大蜂螨在吸食成年蜂的血淋巴时，突破了成年蜂的体壁，将病毒“注射”入蜜蜂的血体腔。接着病毒可随血淋巴的流动被携带至更易受攻击或更致命的组织，并且幼虫受带病毒大蜂螨的危害后，病毒也可在其体内增殖。

五、流行规律

一般在春季引起蜜蜂死亡。但在越冬期蜂群中不易检查出，可能是温度太低，病毒增殖极慢。到春季温度回升，病毒粒子迅速增殖，引起死亡。到夏季温度上升（35℃），则病害似乎自愈。

六、防治措施

经口侵染引起蜂群发病的几率不高，侵染主要是由于大蜂螨的媒介作用引起，所以防治上以治螨为主，特别是在春季蜂群繁殖期，应严格控制狄氏瓦螨危害蜂群。另外，由于发病与温度关系密切（30℃），春季做好蜂群保温，待温度升高后，病害自愈。

第五节　蜂群崩溃失调病

一、发生情况

2006 年冬季到 2007 年春季，蜂群崩溃失调病（colony collapse disorder，CCD）席卷了美国 22 个州，以及法国、瑞典、德国和澳大利亚等国，致使当地蜂农蜂群损失达 50% ~90%。虽然据 Underwood 等的统计，大规模的蜂群大量消失事件在从 1968 年到 2003 年的世界养蜂史上共发生过 23 次，但 CCD 与历次蜂群大量消失事件的症状都不同，说明 CCD 可能有新的发病因子或者更复杂的发病机理。

二、病原

CCD很有可能是由病毒、细菌、真菌和寄生虫一种或几种因素综合引起。Cox-Foster等采用宏基因组学的方法，对出现CCD症状的巢脾和正常的巢脾中的微生物群落进行了调查分析，并对各种微生物进行了RNA测序，发现其中以色列急性麻痹病毒（Israeli acute paralysis virus，IAPV）和克什米尔蜜蜂病毒（Kashmir bee virus，KBV）与CCD的关系最大。而又因为IAPV在CCD症状的群里存在的概率为83.3%而在无CCD症状的群里存在的概率仅为1%，表现出与CCD有强烈的相关性，所以，可以推测，CCD的主要病原为IAPV。但他们的研究并没有排除IAPV是继发性感染的可能。由于狄斯瓦螨可以抑制蜜蜂的免疫应答，使蜜蜂受到持久的潜伏的病毒感染。又因美国狄斯瓦螨的流行较澳大利亚严重，在澳大利亚无发病征兆的蜜蜂很有可能在狄斯瓦螨和低温等因素的多重侵扰下，被体内潜伏的病毒感染。而病毒的感染降低了蜜蜂社会性学习与记忆的能力，所以，染病的成年工蜂采食过程中可能迷失巢外最终死亡。

1. 以色列急性麻痹病毒

以色列急性麻痹病毒是2004年由以色列希伯来大学的Sela等人发现，病毒粒子直径为27nm的正二十面体等轴粒子，浮密度为1.33g/ml（CsCl）。基因组分为单链RNA，长度为9 499nt（GenBank收录号：EF219380），有2个开放阅读框（ORF），由184nt的基因间隔区分隔开。5′端ORF推测编码为1 900aa的非结构多聚蛋白，3′端ORF编码908 aa的衣壳多聚蛋白，4个主要衣壳蛋白的分子量大约为17kDa、26kDa、33kDa和35kDa。

经人工注射接种IAPV的蜜蜂，4d内即死亡。而经饲喂接入IAPV的蜂粮的蜜蜂最后在10d内死亡，症状会经历一个渐变过程：感染初期只是腹部末端颜色变暗；3～6d胸部也开始变暗，不停地打转，很少飞翔或进食；7～10d，腹部和胸部颜色全部变暗（暗褐色到黑色），胸部刚毛脱落，不能飞翔甚至很少运动，在经历一段时间的痉挛之后，最终死亡。被感染的蜜蜂翅膀颤抖、麻痹，最后在巢房外死亡与CCD症状相似。

2. 克什米尔蜜蜂病毒

克什米尔蜜蜂病毒最早由Bailey和Woods于克什米尔地区的印度蜂（*A-*

pis cerana indica）上发现的。1979 年又从印度的印度蜂上发现。1979 年 Bailey 又在澳大利亚的西方蜜蜂上发现了克什米尔病毒病，但与印度蜂上的病毒属于不同的病毒株。1998 年在美国发现了美国毒株，目前，克什米尔病毒病已经广泛传播，除上述区域外，又先后在加拿大、西班牙、新西兰、斐济等地的西方蜜蜂上分离到该病毒。

印度蜂上的病原为克什米尔病毒印度毒株［Kashmir bee virus（Indian strain：*Apis cerana*）］。为直径 30nm 的等轴粒子，沉降系数为 172S，浮密度（CsCl）为 1. 37g/ml，基因组分为 RNA，分子量未测定，蛋白质 3 组分，分子量分别为 24kDa、37kDa、40kDa。

在自然情况下，该毒株仅感染印度蜂，但提纯后的病毒悬液用人工接种（注射或蜂体表摩擦）的方法接种于西方蜜蜂，病毒则可在西方蜜蜂上增殖。患病蜂 3d 内死亡。

澳大利亚西方蜜蜂上的克什米尔病毒病则由克什米尔病毒澳大利亚毒株［Kashmir bee virus（Australian strain：*Apis mellifera*）］引起，澳大利亚毒株共有 3 株，目前，仅分布于澳大利亚。3 个毒株间差别微小，有密切的血清学关系，而与印度毒株血清关系则较疏远。澳大利亚毒株为直径 30nm 的等轴粒子，沉降系数 172S，浮密度（CsCl）1. 37g/ml，基因组为单链 RNA，全长 9 524nt（GenBank 收录号：AY275710），有 2 个 ORF，长分别为 5 802 nt 和 2 667nt，由一个长 219 nt 的基因间隔区分隔开，5′端的 ORF 编码非结构多聚蛋白，3′端的 ORF 结构多聚蛋白。蛋白质不稳定，3 个毒株有一定的血清学差异，目前，已测出 5 种组分，分子量分别为 25kDa、33kDa、36kDa、40kDa、44kDa。

该毒株引起西方蜜蜂外勤蜂的严重死亡。尽管有许多学者都认为 KBV 是所有已知蜜蜂病毒中致病性最强一种，但到目前仍未能清楚地描述出蜜蜂感染 KBV 后的症状。

三、主要症状

原本看起来健康的蜂群中大量的成年工蜂短时间内突然消失在巢外，没有发现尸体，只剩下蜂王、卵、一些未成年的工蜂和大量蜜粉残留于巢脾里。

四、防范措施

CCD 在欧美等地大规模爆发，造成美国受灾地区蜜蜂群势急剧下降，加重了近年日益严重的农作物授粉危机。到目前为止，国内尚未报道 CCD 病例，但必须提高警惕，采取防范措施。

1. 温度管理

春、冬季节的适当保温是温度管理的关键工作，不仅要密切注意环境温度，甚至水和饲料的供应都会影响群温。

2. 饲料管理

科学的饲养管理技术，可以使蜜蜂个体发育良好，提高蜜蜂的抗病力，从而可以避免或减少病害发生及其造成在产量和品质上的损失。群内饲料条件好，蜂群才能强壮，所以不仅要有充足的蜂蜜，而且还要有高质量的蜂粮，这样才能保证蜂群对各种营养物质的需要，才能提高个体及群体的抗逆力。

蜂群在长途运输过程中，更要留意蜜蜂对蛋白质等营养物质的需求，由于运输时各种物理因素的作用，此时如不保持高质量的营养供给，会造成蜂群免疫力下降，蜜蜂很容易患病。

3. 药物防治

利用化学药物来消灭病原体或抑制其感染力，是一种广泛施行的专业方法。特别是在其他防治方法不能奏效时，就要求助于药物防治方法。从目前的情况来看，药物防治方法仍然是许多重要的蜜蜂病害主要的防治方法。因此，药物防治方法仍是蜜蜂病害整个防治措施中的一个主要组成部分。

4. 加强检疫工作

严格的蜜蜂检疫，能有效杜绝外来病原的进入。预防在检疫中病害的蔓延，要事先做好产地病害的调查工作，要了解病虫害的分布情况，供检疫参考。对引进的蜂种应该有足够的观察时间，经过一段时间的繁育，最好是冬春季蜜蜂抗病力较弱的时间，确定无危险性病原后再使用。先进的检疫手段能够对蜜蜂群体病原进行全面的、系统的分析，做到万无一失。

第六节　蜜蜂其他病毒病

Kulincevic、Stairs 和 Rothen Luhlei 指出，有许多病毒可能分布在世界各地的蜂群里，这些病毒的不同组合产生不同的病害和不同的症状。这一推测被 Bailey 和 Woods 及 Bailey 的研究所证实。随着蜜蜂病毒病被人们日益重视，目前在蜜蜂上又发现了许多病毒病，下面逐一介绍。

一、缓慢性蜜蜂麻痹病

引起缓慢性蜜蜂麻痹病的病原为缓慢性蜜蜂麻痹病病毒（Slow bee paralysis virus，SBPV）。病毒为等轴粒子，直径 30nm，沉降系数随提取方法的不同而不同，粗提液中的为 146S，用 0.01M 磷酸缓冲液（PBS），提取的为 173S，而 0.1M KCl-蔗糖梯度提取的为 178S，遗传组分为单链 RNA，分子量未测定，浮密度为（CsCl）1.37g/ml，蛋白质 3 组分，分子量分别为 27kDa、29kDa、34kDa。

在自然界中，目前尚未见自然发病的蜂群，用人工注射的方法，将病毒接入蜜蜂成年蜂的血体腔时，大约 12d 后死亡。其典型症状为病蜂在死前的 1～2d 表现出前足震颤。因为这种病害引起的死亡较慢，又有麻痹病的震颤症状，为与慢性麻痹病或急性麻痹病相区别，故名之。

二、阿肯色蜜蜂病毒病

该病由阿肯色蜜蜂病毒（Arkansas bee virus，ABV）引起。是 Bailey 在美国阿肯色州的成年蜂上发现的一种不明显的传染病，目前，证实该病在美国也很普遍。

因为该病毒最早是从蜜蜂采回的花粉团中提取出来的，研究初期曾将其认为是植物病毒，但经几种植物（昆诺阿藜、豇豆、腰豆、烟草、粘毛烟草）的接种试验后否定了。

病毒为直径 30nm 的等轴粒子，沉降系数为 128S（有时为 170S，原因是产生二聚体）。浮密度（CsCl）为 1.37g/ml，基因组分为单链 RNA，分子量分别为（1.4～1.8）$\times 10^3$kDa，蛋白质分子量为 41kDa。

经人工注射病毒于成年蜂血体腔后，蜜蜂于 15～25d 后死亡。一只死蜂蜂体内含 10^9 倍感染剂量的病毒，病毒在活蜂中的增殖随接种液稀释度的增加而增加，出现这种现象原因是，病毒进入蜂体后，蜂体即产生抵抗性反应，病毒量少时，一些与生命攸关的组织受到保护，病毒则在其他组织大量增殖，而蜜蜂寿命不受到影响，而大剂量接种，则使这种防御来不及完善，病毒迅速进入蜜蜂重要组织，增殖后，引起蜜蜂死亡。

三、蜜蜂X病毒病

该病病原为蜜蜂X病毒（Bee virus X，BVX）。首先在英国发现，随后澳大利亚、法国、美国等地蜜蜂提取物中也发现类似的颗粒。

病毒为直径35nm的等轴粒子（图4－7），沉降系数为187S，浮密度（CsCl）1.35g/ml，基因组分为单链RNA，分子量未测定，蛋白质分子量为52kDa。

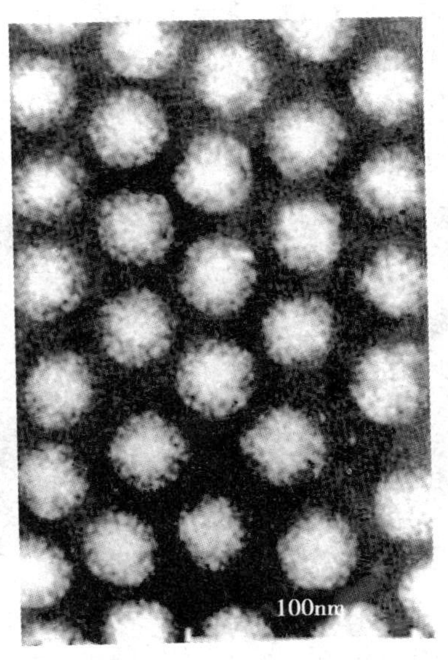

图4－7　蜜蜂X病毒粒子

用接种蜜蜂血体腔的方法，病毒不能大量增殖，但用饲喂的方法，在30℃条件下幼蜂被感染，病毒大量增殖，数量可达10^{10}～10^{11}个，在35℃条件下则增殖极慢，病毒主要在成年蜂肠道内增殖。病蜂寿命明显缩短，比健蜂缩短1/3，这就给蜂群越冬造成困难，并使蜂群在春秋季群势受到影响。此外，试验还证明，若将蜜蜂X病毒与囊状幼虫病病毒同时注射成年蜂，则在4d内引起蜜蜂死亡。这种作用可被抗蜜蜂X病毒血清中和，使被注射蜂寿命延长至8d。

最近的证据表明，蜜蜂X病毒是由蜜蜂马氏管变形虫传播，在冬末发生频繁，另外也趋向于同蜜蜂Y病毒及蜜蜂微孢子虫并发。

四、黑蜂王台病毒、蜜蜂线病毒、蜜蜂Y病毒病

这是3种值得注意的普遍发生的病毒种类，因为它们与蜜蜂微孢子虫有着密切的联系。

黑蜂王台病毒（Black queen cell virus，BQCV）为直径30nm的等轴粒子（图4-8），沉降系数为151S，浮密度（CsCl）1.34g/ml，基因组为长8 550nt的单链RNA（GenBank收录号：AF183905），分子量为2.8×10^3kDa，碱基比为A：C：G：U=29.2：18.5：21.6：30.6。包含2个由长208nt的基因间隔区分隔开的ORF，5′端的ORF1长4 968nt，推测编码一个长1 655 aa、分子量189.471kDa的非结构多聚蛋白，3′端的ORF2长2 562nt，推测编码一个长853aa、分子量95.713kDa的结构多聚蛋白，包含4个衣壳蛋白组分，分子量分别为8.1kDa、26.3kDa、30.2kDa、31.2kDa。

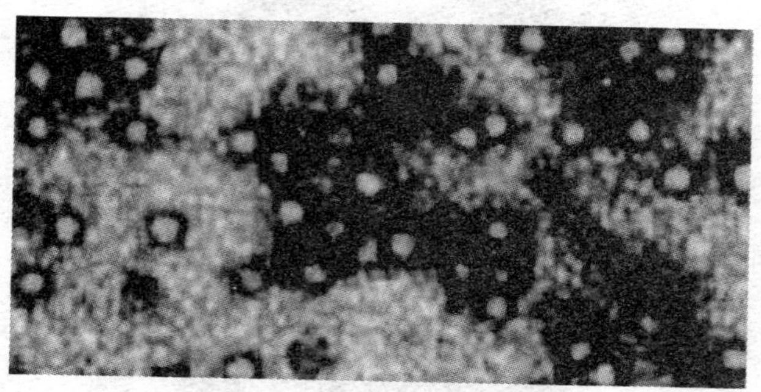

图4-8　黑蜂王台病毒粒子

病毒专一侵染王台中的幼虫，病变后王台变成黑色，病虫于前蛹期或蛹期死亡，形成一个类似于囊状幼虫病的坚韧的囊。在育王群中发病率高，多在早春发病，一般认为是由蜜蜂微孢子虫传播。与囊状幼虫病病毒相比，黑蜂王台病毒在成年蜂和雄蜂体内不易增殖，但如果成年蜂摄食了微孢子虫的孢子，病毒就可以在其体内增殖。

蜜蜂线病毒（Filamentous virus，FV）大小为150nm×450nm折叠并外包一层膜，将膜溶开后大小为40nm×3000nm。沉降系数不知，浮密度（CsCl）为1.28g/ml，基因组分为DNA，分子量为12×10^3kDa，蛋白质有

12 种组分，分子量从 13～70kDa（图 4－9）。

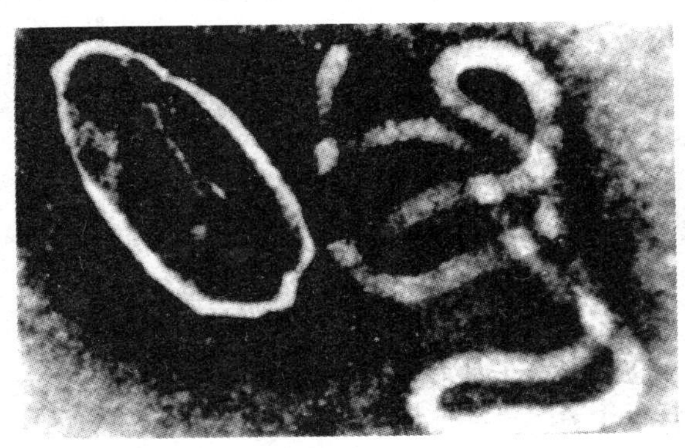

图 4－9　蜜蜂线病毒

最初曾被误认为是立克次氏体。病毒粒子在成年蜂脂肪体及卵巢组织中增殖，被严重侵染的成年蜂血淋巴变成乳白色，其中，带有大量的病毒粒子。

蜜蜂 Y 病毒（Bee virus Y，BVY）为直径 35nm 的等轴粒子，沉降系数为 187S，浮密度（CsCl）为 1. 35g/ml，基因组分为 RNA，分子量未测。蛋白质分子量为 50kDa。与蜜蜂 X 病毒有隐约的血清学关系。夏初常于成年蜂上发现，但尚未发现与之有关的症状。

这 3 种病毒总是仅在被蜜蜂孢子虫侵染的成年蜂上发现（表 4－3、4－4），病毒相互之间无任何关系。病毒的增殖也与孢子虫无关。与孢子虫的关系仅在于，这 3 种病毒均需通过孢子虫在蜜蜂中肠产生的伤口侵入。孢子虫破坏了蜜蜂中肠上皮细胞，妨碍或阻止了蜜蜂抵抗因子的产生，从而病毒得以从中肠上皮细胞侵入并增殖。病毒有可能增强孢子虫的致病作用。病毒存在与否，可能是孢子虫毒力变化的重要原因。

表 4－3　孢子虫和病毒在 175 群蜂中发生的比较

病　毒	发生的蜂群数	
	孢子虫＋病毒	仅有病毒
黑蜂王台病毒	46	1
蜜蜂 Y 病毒	38	0

表4-4　将无孢子虫的蜂剔除后的死亡外勤蜂中病毒的比较

病　毒	检查数	发生群数或个体数	
		孢子虫+病毒	仅有病毒
线病毒	32 组中的 10 组	13	0
黑蜂王台病毒	30 组中的 6 组	4	0
蜜蜂 Y 病毒	30 组中的 6 组	3	0
蜜蜂 X 病毒	452 只个体	28	73

五、云翅粒子病

云翅粒子病由云翅粒子（Cloudy wing particle，CWP）引起。目前，已在英国、埃及、澳大利亚发现，病原为直径 17nm 的等轴粒子（图 4-10），沉降系数为 49S，浮密度（CsCl）1.38g/ml，基因组分为 RNA，分子量为 0.45×10^3kDa，蛋白质分子量为 19kDa。

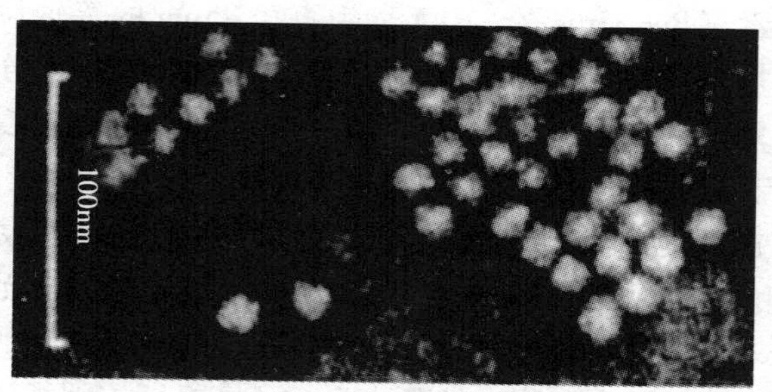

图4-10　云翅粒子

这是一种发生较为普遍的病毒病，当蜜蜂被严重侵染时，表现为双翅显著地失去透明，犹如罩上一层云雾，混浊不清，故名“云翅”。

病毒经由气管系统传播，侵入翅基肌纤维，患病个体死亡迅速。

六、蜜蜂埃及病毒病

蜜蜂埃及病毒病（Egypt bee virus disease，EBV），目前，仅在埃及的西方蜜蜂的成年蜂上发现，但为隐性感染。病原为直径 30nm 的等轴粒子，沉降系数为 165S，浮密度（CsCl）为 1.37g/ml，基因组分为 RNA，分子量未测定，蛋白质三组分，分子量分别为 25kDa、30kDa、40kDa。现对该病的症状、病毒的作用等尚不清。

七、蜜蜂虹彩病毒病

到目前为止，蜜蜂虹彩病毒病（Bee iridescent virus disease，BIV）是膜翅目中发现虹彩病毒唯一例子。仅发生于克什米尔地区的印度蜂上。病原为直径 150nm 的大型等轴粒子（图 4－11），沉降系数为 2216S，浮密度（CsCl）为 1.32g/ml，基因组分为 DNA，分子量未测定，蛋白质组分未测定。

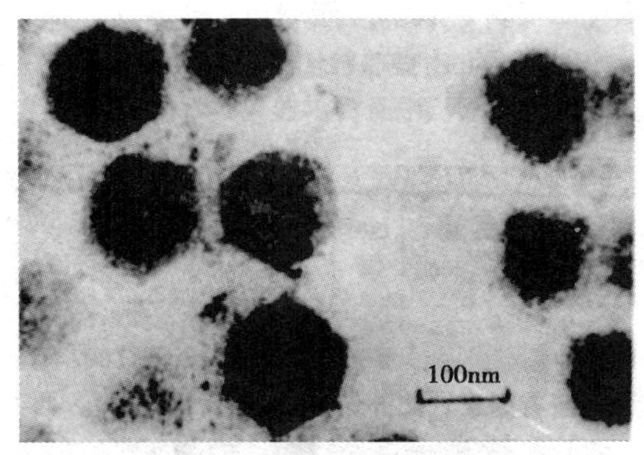

图 4－11　蜜蜂虹彩病毒

病蜂的主要症状为：失去飞翔能力，大量群集，在蜂箱周围的场地上爬行，直至死亡。该病主要发生在夏季。

八、中蜂大幼虫病

1971—1980 年，广东省龙门地区曾流行过一种发病急、危害大的中蜂病害，当地蜂农称为“大幼虫病”。1980 年后至今未见到流行，原因不明。

病原为直径 30nm 的等轴粒子。其他理化性状未测定。病害的症状为：大幼虫肿胀，变黄、患病幼虫不封盖，5～6 日龄死亡，无臭味，不腐烂。成蜂表现为烦躁骚动，茸毛脱落，躯体变黑，寿命缩短，死于采集途中。急性发病 1 周，慢性发病 1～2 个月蜂群死亡。

该病病毒与中蜂囊状幼虫病病毒在形态上相似，但诱发的症状及发病的幼虫虫龄与中蜂囊状幼虫病均不同，因此，认为是使中蜂致病的一株新病毒。

九、蜜蜂死蛹病

1960年，江西上饶农校曾报道过与该病（Bee pupa-death disease）症状类似的病害，但其后一直未见，直至1982年在南方数省突然暴发，很快全国流行，1985年前后，曾给养蜂业造成极大的损失。目前，仅有我国发生。

该病由蜜蜂死蛹病病毒（Bee pupa-death virus，BPV）引起。病原为椭圆形粒子，大小约33nm×42nm，其余理化性状尚未测定。

病害的主要症状为：封盖蛹房穿孔，露出白色或褐色的蛹头，病蛹发育不良，体瘦小，死亡后变黄，腹部呈暗绿色，接着头、胸、腹依次变为黑褐色，同时失水、干瘪成黑色的硬块，不腐烂，无臭味（图4－12）。病害终年可见，但在春、秋季尤为严重。

图4－12　蜜蜂死蛹病

十、蜜蜂残翅病毒病

蜜蜂残翅病毒病是近年来新发现的蜜蜂病毒病，病原为残翅病毒（Deformed wing virus，DWV），最早于20世纪80年代初在日本的患病西方蜜蜂上分离获得，随后通过不同手段先后在东方蜜蜂（*A. cerana*）、小蜜蜂（*A. florae*）和熊蜂上鉴定出该病毒。普遍认为，凡是有螨害的养蜂区域就可能分布有该病毒，但目前我国尚未见报道。病毒粒子为直径30nm的正二十面体（图4－13），基因组为一单链RNA，长为10 140nt（GenBank收录号：AJ489744），有一个大的开放阅读框，编码一个328kDa的多聚蛋白前体。3个主要衣壳蛋白的分子量为28kDa、32kDa、44kDa。

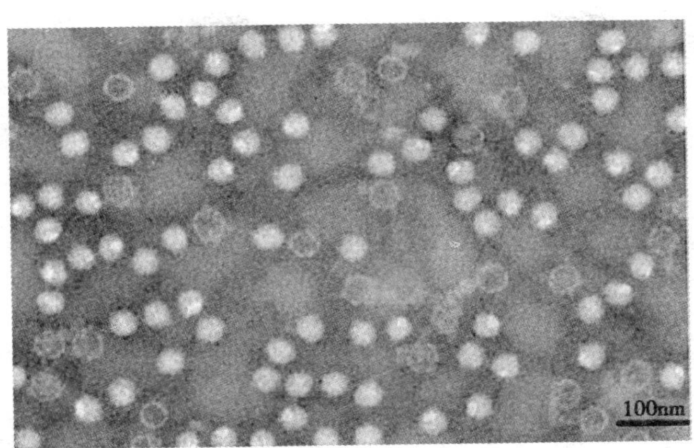

图 4－13　残翅病毒粒子

蜜蜂残翅病毒病的典型症状是工蜂或雄蜂羽化出房时翅残缺、皱折，失去飞翔能力，腹部膨胀，麻痹，成蜂寿命显著缩短。通常是在由于蜂群没治螨导致群势严重衰减后，在夏末秋初会出现典型症状，偶尔也有蜂群在早春出现症状，夏季恢复，年底再次发病的情况。本病极易与蜂螨危害引起的残翅相混淆，很长时间都被误认为是螨害造成的，应注意区分。

十一、蜜蜂 Kakugo 病毒病

蜜蜂 Kakugo 病毒病是 2004 年才由日本人发现并分离其病原，并将病原命名为 Kakugo 病毒（Kakugo 在日语中为“准备攻击”之意），基因组为长 10152 nt 的单链 RNA（GenBank 收录号：AB070959），有一个大的开放阅读框，编码 2893 aa 的多聚蛋白。

被病毒感染的工蜂外表无异常症状，仅表现为攻击性增强，特别是有敌害袭扰蜂群时，被病毒感染的个体比正常个体攻击性要强得多。但仅从守卫蜂体内检测到该病毒，在哺育蜂和采集蜂体内检测为阴性，而且也只是在守卫蜂的大脑中能检测到，胸部和腹部为阴性。守卫蜂的大脑被该病毒感染与其行为之间存在着密切的联系。目前该病仅发生于意蜂，我国尚未见报道。

蜜蜂细菌病及其防治

第一节　美洲幼虫腐臭病

一、发生情况

美洲幼虫腐臭病（American foulbrood，AFB）是一种蜜蜂幼虫病害。该病由 White 于 1907 年确定。目前，广泛发生于温带与亚热带地区的几乎所有国家。此外，在新西兰、夏威夷、西印度群岛的一些地方也有发生。不但发生于西方蜜蜂，东方蜜蜂的印度蜂（*Apis cerana indica*）也有报道，但中华蜜蜂（*Apis cerana cerana*）至今尚未见该病发生。

我国于 1929—1930 年间由日本引进西方蜂种时，将该病带入。目前全国西方蜜蜂饲养区，时有该病发生。

二、病原

美洲幼虫腐臭病原来认为是由幼虫芽孢杆菌（*Bacillus larvae*）引起。近年的研究通过比较分析 16S rRNA 基因序列重新将其病原定名为拟幼虫芽孢杆菌（*Peanibacillus larvae*），全基因组长约为 4.0Mb（GenBank 收录号：AARF01000000）。拟幼虫芽孢杆菌又分为 *P. l.* subsp. *larvae* 和 *P. l. subsp. pulvifaciens* 2 个亚种，前者已被确定为美洲幼虫腐臭病的病原，后者也被认为可以引起类似但症状相对较轻的病症。菌体细长杆状，大小（2～5）μm×（0.5～0.8）μm，革兰氏染色阳性，具周生鞭毛，能运动。在条件不利时能形成椭圆形的芽孢，中生至端生，孢囊膨大，常常游离。芽孢呈卵圆形，大小约 1.3μm×0.6μm（图 5－1）。芽孢抵抗力极强，对热、化学消毒剂、干燥环境至少有 35 年的抵抗力。芽孢与蜜蜂的工蜂、蜂王、雄蜂幼虫的感病有直接的关系。

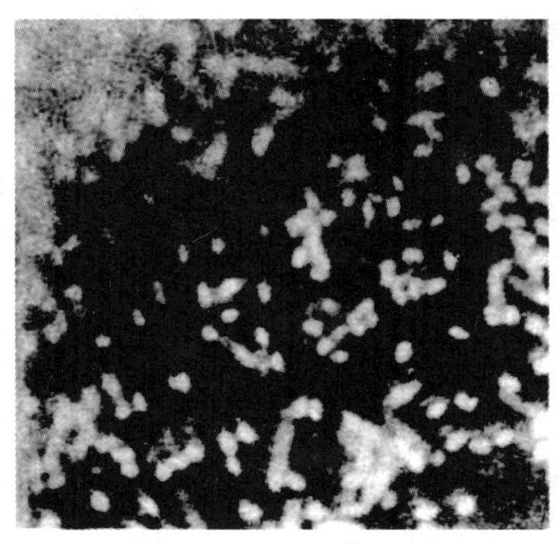

图 5－1　拟幼虫芽孢杆菌营养体及芽孢

培养特性：在一般培养基上不能生长，一定要有维生素 B_1，如在培养基中加入蛋黄、酵母膏、胡萝卜浸提液等。推荐 2 种培养幼虫芽孢杆菌的培养基：

①酵母膏 10g，葡萄糖 10g，淀粉 10g，KH_2PO_4 1.36g，琼脂 1～3g，蒸馏水 1 000ml，用 KOH 调 pH 值至 6.6，116℃灭菌 20min。

②J-洋菜平板：胰胨 5g，酵母膏 15g，$K_2HPO_4$1g～3g，琼脂 1～3g，蒸馏水 1 000ml，pH 值调至 7.3～7.5，121℃灭菌 20min，葡萄糖 2g，过滤灭菌，加入已高压灭菌过的培养基中。

这 2 种培养基均为半固体培养基，接种可采用混合法，接种后置 34℃下培养，几日内芽孢于培养基表面下 5～10mm 处萌发及生长，繁殖，最后扩展到培养基表面。菌落为乳白色，半透明，稍凸起，且略具光泽。

生化特性：能发酵葡萄糖、果糖半乳糖、产酸，比较突出的是还原 NO_3^{-2} 为 NO_2^{-1}，实际上在不加 NO_3^{-2} 的培养基中，都能产生 NO_2^{-1}。

拟幼虫芽孢杆菌另一重要的培养特征是“巨鞭”，在细菌培养物中可见到螺旋形的巨大的鞭毛（图 5－2）。理论上，它们是由鞭毛所组成，这些鞭毛从着生的细胞上脱落，而后凝集、盘绕在一起形成。

三、症状

被感染的蜜蜂幼虫平均在孵化后 12.5d 表现出症状。首先体色明显变化，从正常的珍珠白变黄、淡褐色、褐色直至黑褐色。同时，虫体不断失水

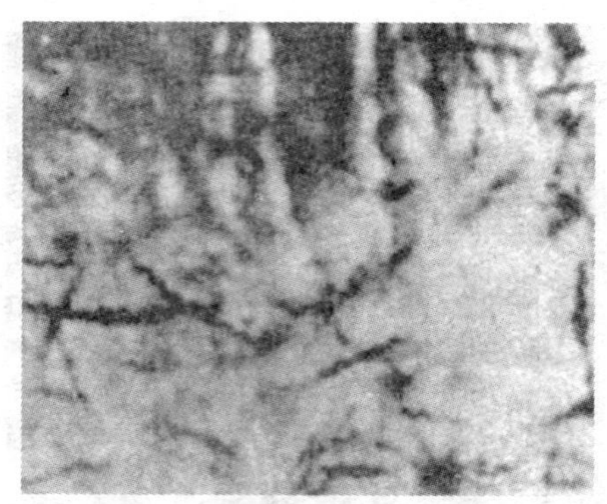

图5－2　拟幼虫芽孢杆菌的“巨鞭”

干瘪，最后成紧贴于巢房壁的、黑褐色的、难以清除的鳞片状物（图5－3）。

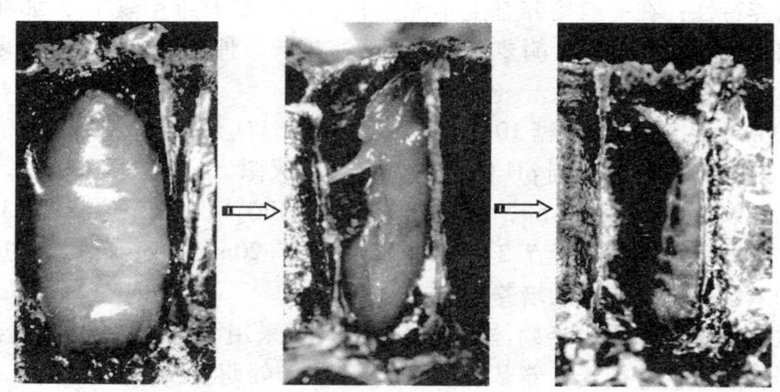

图5－3　病虫尸体变化过程

病虫的死亡几乎都发生于封盖期，通常是幼虫的前蛹期，少数在幼虫期或蛹期死亡。死亡的幼虫伸直，头部伸向巢房口，它们的“吻”常从鳞片状物前部穿出，形如伸出的舌。病虫死亡后，在其腐烂过程中，能使蜡盖变色（颜色变深），湿润，下陷、穿孔（图5－4），在封盖下陷时期，用火柴杆插入封盖房，能拉出褐色的、黏稠的、具腥臭味的长丝（图5－5）。

四、拟幼虫芽孢杆菌在蜜蜂幼虫体内的增殖

幼虫取食了被污染的食物中的芽孢而被侵染。通常侵染一只2日龄以上

图 5－4　患病蜂群封盖子脾

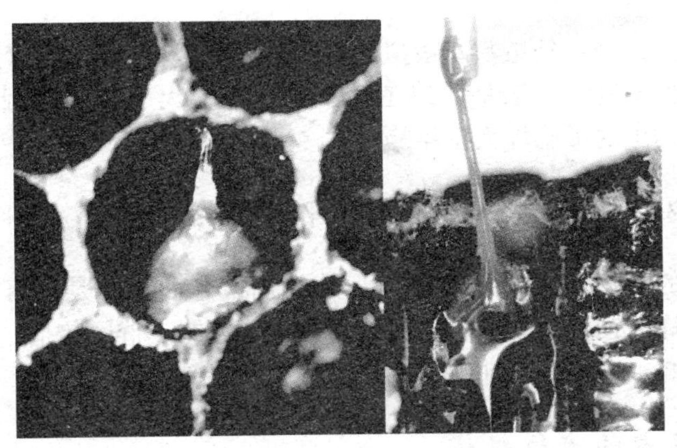

图 5－5　病蜂的"吻"（左）及烂虫拉"丝"（右）

的幼虫需要数以百万计的芽孢，但是只要 10 个芽孢侵入幼虫体内，24h 之后，幼虫即患病。拟幼虫芽孢杆菌的营养体是不会引起病害的。这可能是因为幼虫食物具有杀菌作用，至少蜂王浆中的 10-羟基-2-癸烯酸等酸性物质对细菌营养体有抑制和杀灭的作用。

芽孢一旦进入幼虫肠内，随即萌发，对芽孢的萌发来说，日龄越小的幼虫其萌发条件越好，但对营养生长及繁殖来说，则是老熟幼虫最适宜。这是因为芽孢的萌发需要一个低氧压的环境，而生长、繁殖及产生芽孢则需要高氧压的环境。所以拟幼虫芽孢杆菌的芽孢只侵染小日龄的蜜蜂幼虫（孵化后 53h 以内），而不能侵染老熟幼虫、蛹或成虫。

病理学研究表明：2 日龄幼虫接种 12h 后，围食膜下的上皮细胞微绒毛破损，被感染的柱状细胞失去原有的特征，细胞质变得较透明，细胞核密度下降；接种28h后，围食膜与基膜之间的上皮细胞损坏，血体腔中可见细菌，细菌引起脂肪细胞损坏；接种16h后，毗连血体腔组织被破坏，细胞碎片积累，游离的磷酸酯酶活跃，再生细胞较未被侵染细胞扩大；接种50h后，细菌聚集在幼虫被破坏的表皮下的血体腔的外部区域。5日龄幼虫接种15h后，细菌位于上皮微绒毛边缘，磷酸酯酶在上皮细胞顶部活跃，寄主表现出对病原侵入的抵抗性反应。

芽孢在小幼虫肠腔内萌发后，不繁殖，其营养体于幼虫化蛹前的静止期侵入血体腔，生长并大量繁殖，引起幼虫败血症，迅速死亡。幼虫死亡后，细菌开始形成芽孢，一只虫尸内，大约可形成25亿个芽孢。细菌在形成芽孢过程中，释放了对其他细菌有拮抗作用的物质，所以在腐烂的虫尸上次生菌不能生长。

蜂群中三型蜂的幼虫都能被拟幼虫芽孢杆菌侵染，但幼虫对病原菌所表现出的敏感性不同。一般地，蜂王幼虫的敏感性大于相同基因型的工蜂幼虫，而工蜂幼虫的敏感性大于雄蜂幼虫。

五、拟幼虫芽孢杆菌在蜂群中的传播

被污染的食物（主要是被芽孢污染的花粉）和巢脾是病害传播的主要来源，哺育蜂的饲育活动，是群内传播的主要方式。群间传播，蜂场间传播则主要由盗蜂、迷巢蜂、加脾、调整群势、饲喂等引起。

六、病害的流行规律

美洲幼虫腐臭病的暴发没有明显的季节性，病害能在一年中的任何一个有幼虫的季节发生。病群在好的蜜源大流蜜期到来时，病情减轻，甚至“自愈”。其原因为：①芽孢可能被采进的花蜜稀释，从而降低了幼虫从食物中接受芽孢的机会；②花蜜的充盈刺激了蜂群中内勤蜂的清洁行为，内勤蜂发现和清除病虫的能力也加强；③刚采回的花粉作为幼虫的食物，在一定程度上也减少了幼虫被芽孢侵染的机会。但是在一个蜂群中，若病虫数量在百只以上，在通常情况下，侵染将迅速传播，并使蜂群灭亡。

七、诊断

1. 典型的症状

根据典型的症状，特别是烂虫能“拉丝”来进行诊断。

2. 干虫尸的检查

① 将干虫尸置紫外灯下，干鳞片在紫外光的激发下，能发生强烈的荧光，这有助于诊断。

② 牛乳试验。虫尸上加 6 滴 74℃的热牛奶，1min 后牛奶凝结，随即凝乳块开始溶解，15min 后，全部溶尽。这个作用是由拟幼虫芽孢杆菌形成芽孢时释放的稳定的水解蛋白酶引起的（注意：巢内贮存的花粉也会有这种反应，应注意区别花粉与干虫尸）。

3. 荧光抗体技术

采用荧光抗体技术检查。

4. 仪器诊断

美国加州养蜂管理局、加州大学的诺曼加里博士和吉里斯廷博士，发明了手提式气味诊断器。只要将仪器探头从巢门伸入蜂群，若蜂群有美洲幼虫腐臭病，仪器则自动报警。使检查不必开箱，快捷、准确。

5. 分子诊断

根据 GOVAN（1999）等报道的幼虫芽孢杆菌 16SrRNA 基因设计引物对其进行 PCR 扩增反应，用于鉴定分离培养后的病原菌。引物片段序列为：

Primer 1（5′ AAGTCGAGCGGACCTTGTGTTTC 3′）；

Primer 2（5′ GGAGACTGGCCAAAACTCTATCT 3′）。

可特异扩增出长度为 1090 bp 的片段，而不会扩增在培养基上生长的其他细菌基因。

其他研究人员也有利用设计的 16SrRNA 基因其他引物进行鉴别，例如 Wim DOBBELAERE（2001）、Adriana M（2002）等。分子生物学的方法不但可用于病原的诊断，还可用于进一步的种间鉴别。

八、防治措施

1. 预防

①加强检疫，控制病群的流动。

②及时控制群内的螨害，因研究发现蜂螨能携带、传播病原菌。

③培育抗病品种。美国已培育出抗美洲幼虫腐臭病的“褐系”蜜蜂，其主要抗病特性为，该系蜂种的清巢能力较强，能很快清除巢内的病蜂、死蜂。

2. 治疗

(1) 在病害尚未大发生时，及时烧毁少量病脾、病群　由于该病发生于有幼虫的所有季节，病情发展较快。以免传播开损失更大。

(2) 用干净的箱、脾将病群的箱、病虫脾、空脾换出消毒　箱脾的消毒方法有：^{60}Co γ 射线照射；EO（乙烯氧化物）气体密闭熏蒸；高锰酸钾加福尔马林密闭熏蒸；硫黄密闭熏蒸。

(3) 换过蜂箱的蜂群饲喂使用的四环素（0.125g/10 框蜂）　药物的饲喂方法：配制含药花粉，将药物溶于少量糖浆后，调入花粉中（花粉量以 2 日内被蜜蜂食尽为宜），至不粘手为止，饲喂蜂群，效果好，也不易造成蜂蜜污染。配制含药炼糖饲喂蜂群，是国外常用的方法，将药物磨成极细粉末，加入炼糖中，揉匀即可（224g 热蜜加 544g 糖粉，稍凉后加入 7.8g 的红霉素粉，搓至硬，可喂 100 群中等群势的蜂群）。每 7d 喂药 1 次，2 次为一个疗程。视蜂群病情，酌情进行第二疗程。

注意事项：换箱的过程是必不可少的，否则病害极易复发，靠一味地使用抗生素，仅能暂时地控制病情，因为抗生素无法杀死病菌的芽孢；原病群中的贮蜜不得作为其他蜂群的饲料，因为病群贮蜜中含有大量病菌的芽孢，而芽孢恰恰是该病发生的主要因素；在蜂群繁殖季节，可采用抗生素治疗，但在进入采集期前 45～60d 应立即停药，防止药物残留。在采集期内发病的蜂群，若采用抗生素治疗，应立即退出采集。

(4) 中草药配方

① 金银花 20g，板蓝根 12g，大青叶 15g，枯芩 15g，滑石 20g，栀子 12g，茯苓 10g，连翘 12g，蒲公英 15g，甘草 6g，煎汤，配饱和糖浆可饲喂 3～5 群蜂。

② 栀麦片3片，牛黄解毒片3片，维生素C 6片，复合维生素B 2片，酵母片3片磨粉，拌入花粉或配制糖浆，饲喂2群蜜蜂。

③ 金银花20g，海金沙15g，半枝莲15g，当归10g，甘草20g，煎汤配糖浆饲喂3~5群蜂。

第二节 欧洲幼虫腐臭病

一、发生情况

欧洲幼虫腐臭病（European foulbrood，EFB）是一种蜜蜂幼虫病害，该病由Cheshire和Chevne于1885年首次系统报道，目前，广泛发生于世界几乎所有的养蜂国家。我国于20世纪50年代初在广东省首先发现，60年代初南方诸省相继出现病害，随后则蔓延全国。该病害不仅西方蜜蜂感染，东方蜜蜂特别是中蜂发病比西方蜜蜂严重得多。

二、病原

Cheshire和Cheyne（1885）认为，蜂房芽孢杆菌（*Bacillus alvei*）是欧洲幼虫腐臭病的病原菌，White（1920）报道病原体是普鲁东芽孢杆菌（*Bacillus pluton*）。Bailey（1956）根据该菌的革兰氏反应和形态将 *B. Pluton* 重新定名为蜂房链球菌（普鲁东链球菌 *Streptococcus pluton*）。而后Bailey（1984）又根据该菌的GC%（29%）与链球菌属（45%）有很大差异，再一次将 *S. pluton* 重新定名为蜂房球菌 *Melissococcus pluton*，并以该菌作为模式种，建立了蜂房球菌属 *Melissococcus*。

但从2003年起，有部分文献资料将蜂房球菌定名为 *Melissococcus plutonius*。

目前，对欧洲幼虫腐臭病致病菌有了一致的认识，即蜂房球菌为致病菌。该菌单个的形态为披针形球菌，直径0.5~1.0μm，革兰氏染色阳性，常结成链状或成簇排列（图5-6），不产孢。

培养特性：在一般培养基及好气的培养条件下，该菌不生长。但可在下述新鲜的培养基中生长：酵母膏10g，葡萄糖10g，$KH_2PO_4$1.35g，淀粉1g，琼脂20g，蒸馏水1 000ml，用KOH调pH值至6.6，116℃灭菌20min。可采用混合法接种，放入带有10%的CO_2的厌气细菌培养器中，34℃培养。

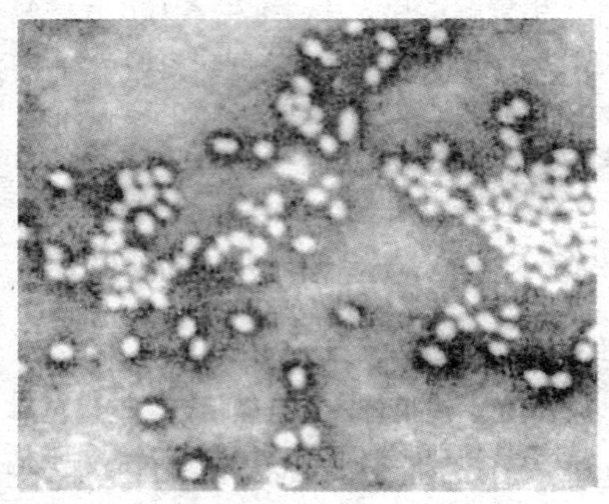

图 5-6　蜂房球菌

一般 4d 后长出菌落。直径 1～1.5mm，白色，边缘光滑，表面微突起。培养基中培养出的菌具多型性，常为类似杆状的形态。

次生菌：感染欧幼病的蜜蜂幼虫有许多次生菌，这些次生菌能加速幼虫的死亡。最常见的次生菌为龙瑞狄斯杆菌（*Bucterium eurydice*），大小（0.8～2.5）μm×（0.5～1）μm，革兰氏染色阴性，一般培养基上易生长，菌落 0.5mm，白色，培养基上培养出的菌体具多型性，单个或成链状，或似链球状，随不同培养基而定，所以常与蜂房球菌相混淆。

另一个常见的次生菌是粪链球菌［*Streptococcus faecalis*（*Streptococcus apis* Maassen）］，菌体直径 0.8～1μm，呈链状排列，在培养基上生长微弱，菌落小，白色，表面凸起，形态与蜂房球菌十分相似，该菌是蜜蜂从野外带入蜂箱的。它寄生于病虫后，其生长结果引起酸味。

再一个常见的次生菌是蜂房芽孢杆菌（*B. alvein*），菌体杆状，（0.5～0.8）μm×（2.0～5.0）μm，电镜照片测量为（0.6～0.8）μm×（2.2～4.5）μm，革兰氏染色阳性、不稳定或阴性。运动，具周生鞭毛。芽孢椭圆形，中生、亚端生或端生，孢囊膨大，在生孢培养基中，涂片中常常发现并排芽孢的长列。该菌寄生病虫后，产生难闻的臭味。

在死虫的干尸中，只有蜂房球菌及蜂房芽孢杆菌的芽孢能长期存活。

三、症状

欧幼病一般只感染日龄小于 2 日龄的幼虫，通常病虫在 4～5 日龄死亡。

患病后，虫体变色，失去肥胖状态。从珍珠般白色变为淡黄色、黄色、浅褐色，直至黑褐色。变褐色后，幼虫褐色的气管系统清晰可见（图5－7）。随着变色，幼虫塌陷，似乎被扭曲，最后在巢房底部腐烂，干枯，成为无黏性，易清除的鳞片。虫体腐烂时有难闻的酸臭味（图5－8）。

图5－7　蜜蜂健康幼虫（上）与患欧幼病幼虫（下）

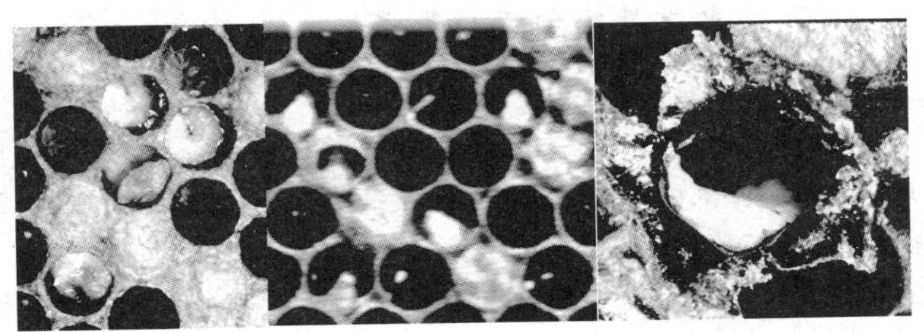

图5－8　患病幼虫的形态变化

若病害发生严重，巢脾上“花子”严重，由于幼虫大量死亡，蜂群中长期只见卵、虫不见封盖子（图5－9）。

四、蜂房球菌在蜜蜂幼虫中的增殖

蜜蜂小幼虫吞食被蜜蜂球菌污染的食物后，该菌在中肠迅速繁殖，破坏中肠围食膜，然后侵染上皮，有时病菌能几乎完全充满中肠，绝大多数病虫迅速死亡，少量幼虫可能意外地（可能是病原菌繁殖量少）存活至化蛹，在幼虫化蛹前，肠道内的细菌随粪便排出沉积于幼虫巢房壁上，其中的蜂房球菌能保留数年的侵染性，成为重要的感染源。

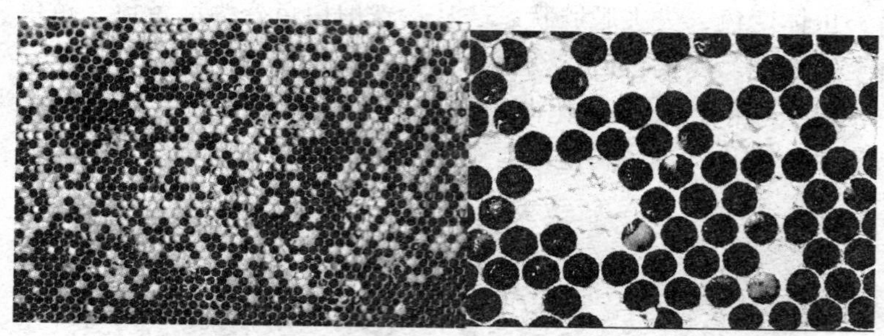

图 5－9　巢脾上的“花子”

五、蜂房球菌在蜂群中的传播

子脾上的病虫及幸存的病虫是主要的传染源，内勤蜂的清洁、哺育幼虫活动，将病原菌传播至全群。群间传播主要是由于调整群势、盗蜂、迷巢蜂等引起。

六、欧洲幼虫腐臭病的流行规律

病害的发生有明显的季节性。在我国南方，一年之中常有两个发病高峰。一个是 3 月初到 4 月中旬，即油菜花期到荔枝花期，另一个是 8 月下旬到 10 月初（福建南部可至 12 月）。两个发病高峰期，都基本与蜂群繁殖高峰期相重叠，即与春繁、秋繁相重叠。

当繁殖期刚开始时，蜂群内幼虫数量少，哺育蜂暂时地富裕，它们提供给幼虫的营养足，幼虫发育健康，抗病性强。少量病虫也很快被清除，由于幼虫营养丰富，发病后幸存的病虫相对多，于是病原菌数量逐渐积累。随着繁殖高峰期的到来，幼虫数量猛增，哺育蜂负担加重，数量也相对不足了，给幼虫提供的营养远不如繁殖初期，被侵染幼虫增加，哺育蜂清除不及时，病害也就显得严重起来。当大量被侵染的幼虫死亡速度快于内勤蜂发现、清除时，就出现了典型的“暴发”。

在同样的条件下，小蜂群的发病速度相对比大蜂群更快，小蜂群中哺育蜂的数量与幼虫之比比大蜂群更早达到不平衡，少量的哺育蜂面对大量的待哺育幼虫，不堪重负，幼虫获得营养不足，病害迅速发生，大量死虫清除不及。这就是为什么病害的突然“暴发”，往往是在“弱群”中的原因。

大流蜜期的到来，病害常常“自愈”，其原因也是群内待哺幼虫数量少，扣王停卵抢蜜群更是无幼虫可育。故少量的幼虫可获得充足的营养，健康发育，极少量病虫被及时发现、清除似乎病害“自愈”了。可往往随采蜜期过后，开始繁殖下一次适龄采集蜂时，病害又抬头。

七、诊断

1. 形态学检测

病原是蜂房蜜蜂球菌（*Melissococcus* pluton），革兰氏阳性，大小为0.7～1.5μm，不形成芽孢。显微镜诊断：挑取病虫尸体少许于载玻片上，加一滴无菌水涂匀，用碱性美兰染色，600～1 000倍下观察，若发现蓝色单个或成对、成堆或成链状的球菌并有梅花络状，即可初步确诊为欧洲幼虫腐臭病。

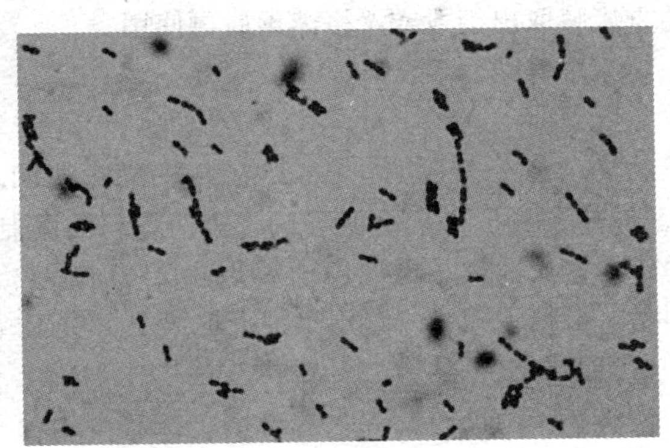

经革兰氏染色后的蜂房蜜蜂球菌（*Melissococcus plutonius*）。
（图片引自 LenaLundgren 及 Karl-Erik Johansson）

2. 分子生物学诊断

1998 年 Govan 等人首次采用 PCR 方法监测欧幼病病原（Govan et al.，1998），引物为：

primer 1：5′ GAAGAGGAGTTAAAAGGCGC 3′；

primer 2：5′ TTATCTCTAAGGCGTTCAAAGG 3′

同年有研究人员提出了采用巢式 PCR 方法检测 *M. plutonius*。此方法可在幼虫、成年蜜蜂、蜂蜜和花粉检测出病原。2008 年 Roetschi 等人采用 RT-

PCR 方法建立了定量检测的技术。

八、防治措施

西方蜜蜂上欧洲幼虫腐臭病一般不甚严重，内勤蜂可较彻底地清除病虫，多数蜂群可自愈，所以基本上不用采取防治措施。而中蜂欧洲幼虫腐臭病常十分严重，严重影响春繁及秋繁，而且病群几乎年年复发，难以根治。但由于病原对抗生素敏感，病群的病情用药物较易控制。需注意的问题是，要合理用药，严防抗生素污染蜂蜜。

1. 预防

①选育对病害敏感性低的品系。

②换王，打破群内育虫周期，给内勤蜂足够时间清除病虫和打扫巢房。

③病群内的重病脾取出销毁或严格消毒后再使用。

2. 治疗

（1）抗生素防治　常用土霉素（0.125g/10 框蜂）或四环素（0.1g/10 框蜂），配制含药花粉饼或抗生素饴糖喂饲。含药花粉的配制：上述药剂及药量，将药物粉碎，拌入适量花粉（10 框蜂取食 2～3d 量），用饱和糖浆或蜂蜜揉至面粉团状，不粘手即可，置于巢框上框梁上，供工蜂搬运饲喂。抗生素饴糖配制：见美洲幼虫腐臭病。

重病群可连续喂 3 次，轻病群 7 天喂一次，注意采集前 45～60d 停药。在采集期内发病的蜂群，若采用抗生素治疗，应立即退出采集。

（2）中草药配方

① 黄芩 10g，黄连 15g，加水 250ml，煎至 150ml，进行脱蜂喷脾，隔天 1 次，连续 3 次。

② 黄连 20g，黄柏 20g，茯苓 20g，大黄 15g，金不换 20g，穿心莲 30g，银花 30g，雪胆 30g，青黛 20g，桂圆 30g，五加皮 20g，麦芽 30g，加水 2 500ml，煎熬半小时滤渣，取药液加入 3kg 饱和糖浆，可喂 80 脾蜂，3d 喂 1 次，4 次为一疗程。

第三节　其他细菌病

一、蜜蜂败血病

败血病（Septicemia）是成蜂病害。由 Burnside 于 1928 年首次描述。目前广泛发生于世界各养蜂国。在我国北方沼泽地带，时有此病发生。多发生于西方蜜蜂。

1. 病原

Burnside（1928）鉴定病原为败血病杆菌（*Bacillus apisaptcus* Burnside）。Landerkin 和 Katznelson（1959）将 *B. apisepticus* 重新分类为蜜蜂假单胞菌（*Pseudomonas apiseptica*），但目前仍有争论。Colwell（1970）认为，蜜蜂假单胞菌作为一种单独的实体存在值得讨论，需进一步研究。Colwell（1970）欲将此菌归入弧菌属（*Vibrio Pacini*）。

病原菌短杆状，大小（0.8～1.5）μm×（0.6～0.7）μm，革兰氏染色阴性，运动，具周生鞭毛，菌体单生或成链状排列，菌落乳白色，表面光滑，略突起，直径约 1mm，能产生蓝色色素，将菌落周围的培养基染成浅蓝色。

2. 症状

病蜂烦躁不安，不取食，无法飞翔，迅速死亡。死蜂肌肉迅速腐败，肢体关节处分离，即死蜂的头、胸、腹、翅、足分离，甚至触角及足的各节也分离。解剖病蜂，其血淋巴变为乳白色，浓稠。

3. 病害流行规律

细菌的侵染途径是通过气门进入的。高温有助于败血病的传染，故病害主要发生于春季及初夏多雨季节。传染源主要为污水坑、沼泽地。

4. 防治

①蜂场避开污水、沼泽处，选择干燥之地。

②蜂群内注意通风降湿。

③蜂场内设置清洁水源。

④病群使用硫酸链霉素防治（0.15g/10 框蜂）。注意采集期前 45d 停药。在采集期内发病的蜂群，若采用抗生素治疗，应立即退出采集。

二、蜜蜂副伤寒病

蜜蜂副伤寒病（Parathoid）是一种成蜂病害。在世界许多养蜂国家都有发生，我国也有发生。多发生于西方蜜蜂。

1. 病原

由蜂房哈夫尼菌（*Hafnia alvei*）引起，病原菌为杆状，大小（1～2）μm×（0.3～0.5）μm，革兰氏染色阴性，在肉膏蛋白胨培养基上培养 24h 菌落针尖大，浅蓝色，半透明；在马铃薯培养基上形成淡棕色的菌落。

2. 症状

病蜂腹胀，行动迟缓，不能飞翔，下痢。解剖病蜂，其中肠灰白色，中、后肠膨大，后肠积满棕黄色粪便。

3. 病害的流行规律

病害主要发生在冬末及早春，污水坑是传染源，病原菌可在污水坑中营腐生生活，蜜蜂采水时，随污水进入蜂群。

4. 防治方法

以预防为主，留用优质越冬饲料，蜂群越冬环境应选择背风向阳，干燥的地方，蜂场设置清洁的水源，晴暖天气应促进蜂群排泄飞行。

药物防治可参考败血病。

三、蜜蜂螺原体病

蜜蜂螺原体病（Honeybee spiroplasmosis）是蜜蜂的一种成蜂病害。1976 年在美国马里兰州首次发现。目前，已在北美洲、欧洲、亚洲发现。1980 年传入我国，很快即扩散到全国各地。目前，仅发生于西方蜜蜂。

1. 病原

Calark. T. B. （1977）鉴定病原为蜜蜂螺原体（*Spiroplasma melliferum*），病原菌属柔膜菌纲，是螺旋状的丝状体，在培养液中作螺旋式运动；菌体周围无细胞壁，只有细胞膜包围，菌体直径约0.17μm，长度因不同生长时期有很大变化，一般生长初期较短，呈单条丝状，生长后期螺旋性减弱，出现分枝，结团，丝状体上有泡囊产生（图5－10）。

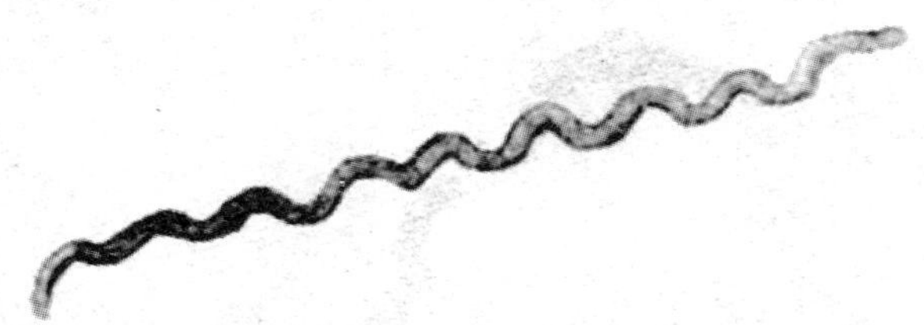

图5－10　蜜蜂螺旋菌质体菌丝

2. 培养特性

在一般培养基上无法生长，需特殊培养基。下面介绍一种最常用的培养基。

C-3G培养基：20%（V/V）马血清，1.5%（W/V）牛心浸出液干粉（Difco）12%蔗糖，适量0.06 M酚红为指示剂，固体培养基加0.8%～1%（W/V）琼脂，pH值7.4。

螺原体的分离培养：病蜂用0.1%升汞表面消毒3～5min，无菌水洗涤2～3次，拉出病蜂中肠，在2ml的C-3G培养基中研碎；用孔径0.45μm的微孔滤膜压滤，将滤液加入C-3G培养基，于30℃下培养，逐日观察培养基颜色的变化（由红色变为浅棕色），并用暗视野显微镜检查证实。

在固体培养基上形成直径75～210μm的煎蛋形或圆形菌落。

3. 症状

病蜂腹部膨大，行动迟缓，翅微卷，下垂，不能飞翔，只有在蜂箱周围地面爬行，解剖病蜂，中肠变白肿胀，环纹消失，后肠积满绿色水样粪便。

4. 病害流行规律

发病季节明显，主要在早春蜜蜂春繁季节。阴雨天严重，寒流后严重，使用代用饲料、劣质饲料为蜂群越冬饲料的蜂群发病严重。

5. 诊断方法

(1) 形态学检测　蜜蜂螺原体病（honeybee spiroplasmosis）的病原是螺原体，将病蜂样品匀浆，5 000rpm 离心 5min 后取上清液涂片，置 1 500倍相差显微镜下观察，在暗视野中可见到晃动的，拖有一条丝状体，并原地旋转的菌体即可诊断为该病。

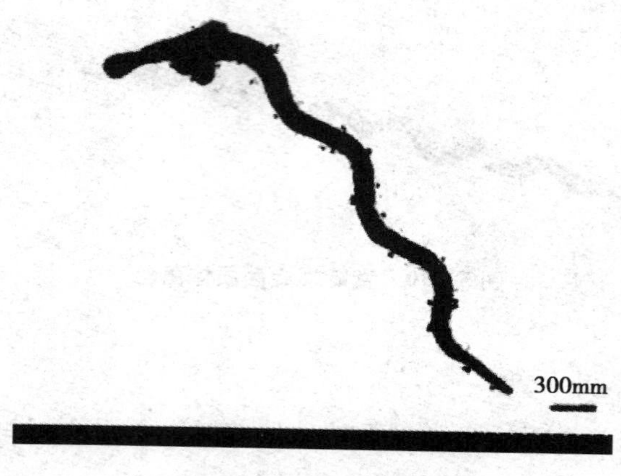

螺原体病原照片（李霞，2012）

(2) 分子生物学检测　以螺原体总 DNA 为模板，用 27F（5′-AGAGTTTGATCCTGGCTCAG-3′）/1 492R（5′-TACCTTGTTACGACTT-3′）通用引物扩增其 16SrDNA 序列；以 ITS-F（5′-CCCCTTATGTCTTGGGCTAC-3′）/ITS-R（5′-CTATCTCCAGGTTCGATTGG-3′）引物扩增 ITS 序列。分别获得 16SrDNA 片段长度为 1 470bp，ITS 片段长度为 1 450bp。该方法可用于螺原体的种间鉴定。

6. 防治方法

换出病群箱脾，用福尔马林加高锰酸钾蒸气密闭消毒，原群用四环素（0. 125g/10 框蜂）调入适量花粉中饲喂，但注意采集期前 45d 停药，在采集期内发病的蜂群，若采用抗生素治疗，应立即退出采集。蜂群越冬前的管理十分重要，要留足优质饲料，不用代用品，越冬场所地势要高燥，通风好，蜂群保温要做好。

四、蜜蜂粉介病

蜜蜂粉介病（Powdery scale disease）是一种较为罕见的蜜蜂幼虫病害，病原菌为尘埃芽孢杆菌（*Bacillus pulvifacius*）。幼虫变成黄色到浅褐色的非常易碎的鳞片状物，大部分被侵染的幼虫在病原菌芽孢形成之前就被内勤蜂清除，是一种偶然使蜜蜂发病的病原菌。

五、蜜蜂立克次氏体病

Wille（1967）在瑞士发现了蜜蜂立克次氏体病（Rickttsiae disease），但Clark（1977、1978）的调查认为，其中有许多是蜜蜂线病毒粒子。而Bailey（1981）认为，其中有部分可能是类似于立克次氏体的有机体。

蜜蜂真菌病及其防治

第一节　蜜蜂白垩病

一、发生情况

1913 年 Massen 在德国第一次报道了对白垩病（Chalkbrood）的观察。主要分布于欧洲、北美洲、亚洲及新西兰。我国于 1990 年发生，1991 年首次报道，已列为蜜蜂进口的检疫对象。目前在全国范围流行，仅发生于西方蜜蜂，危害严重。

二、病原

Massen 将病原菌命名为蜜蜂黑囊菌（*Pericystis apis*）。Maurizio 发现了 2 种形态不同的蜜蜂黑囊菌，这 2 种真菌不能杂交。一种为引起白垩病的变种，孢囊较小；另一种不引起白垩病，有较大的孢囊及菌柄。Prokschl 将具有小孢囊的菌定名为 *Pericystis apis* var. *minor*，而且具大孢囊的菌命名为 *Pericystis apis* var. *major*。后 Olive 和 Spiltoir 对此菌重新分类，确定为新科和新属，即球囊菌科 Ascosphaeraceae 与球囊菌属 *Ascosphaera*。重新将上述 2 种真菌定名为蜜蜂球囊菌蜜蜂变种（*Ascosphaera apis* var. *apis*）（模式变种）与蜜蜂球囊菌大孢变种（*Ascosphaera apis* var. *major*），Skou 又将蜜蜂球囊菌大孢变种重新定名为 *Ascosphaera major*，并指出该种也能引起蜜蜂白垩病。

蜜蜂球囊菌的形态特征：该菌形态上为异宗结合的，具分隔的菌丝体。+性菌丝形成受精突；-性菌丝形成产囊体，里面包括产囊丝、受精丝、营养细胞和茎状基部。营养细胞以后对发育着的产囊系统承担营养机能。受精丝与+性菌丝的精子器融合。初生造囊丝含+、-两核。质配后，形成具有子囊的产囊丝。子囊含孢子 8 枚，临近成熟时子囊壁消失，多个孢子被共同的外膜包围，集合成紧密的孢子球。

该菌的2个变种的主要区别在于成熟的滋养细胞和孢囊的大小不同，以及这2个类型间彼此不能杂交。

蜜蜂球囊菌蜜蜂变种，孢囊深墨绿色，直径通常32～99μm，平均为65.5μm，孢子（3～3.8）μm×（1.5～2.3）μm，其基因组大小约为21.6Mb（GenBank收录号：AARE01000000）；蜜蜂球囊菌大孢变种，孢囊深墨绿色，直径一般88.4～168.5μm，平均128.4μm；孢子比模式种约大10%（图6-1）。

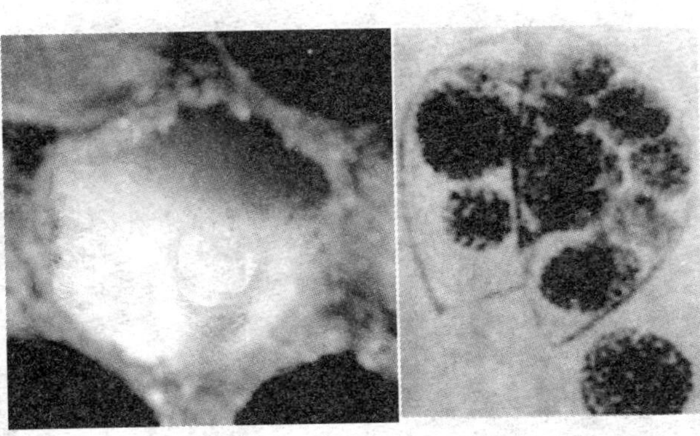

图6-1　蜜蜂球囊菌的菌丝体（左）和孢子囊（右）

蜂房中还存在一种与蜜蜂球囊菌形态十分相似的真菌（*Bettsia alvei*），但它的孢囊直径只有30μm，并且它的球形孢子不聚集成孢子球，只在蜂巢中贮存的花粉中有限的生长。

培养特性：在含有酵母膏（1000ml培养液加5g）的马铃薯葡萄糖琼脂和麦芽琼脂培养基上生长良好。

三、症状

患白垩病的幼虫在封盖后的前2d或在前蛹期死亡。幼虫被侵染后先肿胀，微软，后期则失水缩小成坚硬的块状物。当只有一个株系（+或-）感染幼虫时，死亡的幼虫残体为白色粉笔样物；当2个株系共同在幼虫上生长时，死虫体表形成子实体，干尸呈深墨绿色至黑色（图6-2）。在蜂群中雄蜂幼虫比工蜂幼虫更易受到感染。

在重病群中，可能留下封盖房，但为零散的，封盖房中有结实的僵尸，当摇动巢脾时能发出撞击声响（图6-3）。

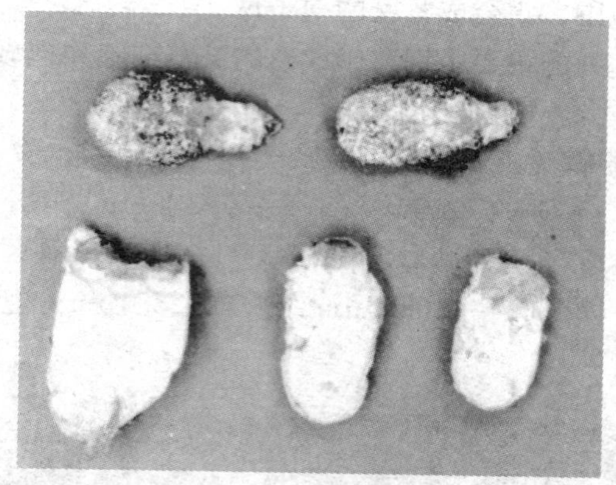

图6-2 患白垩病死亡的蜜蜂幼虫尸体

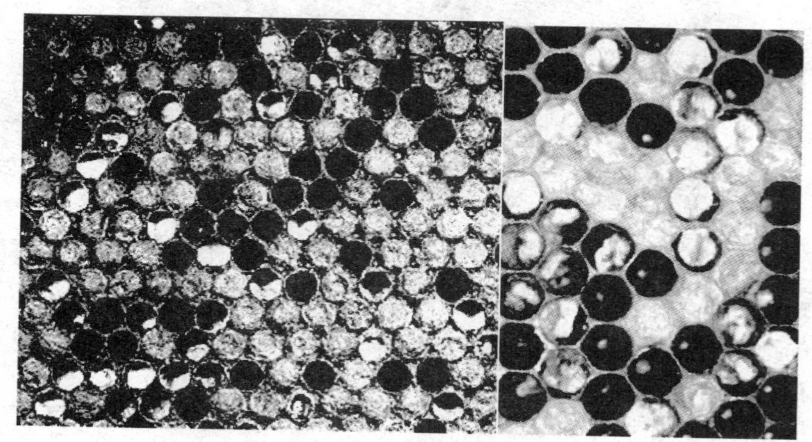

图6-3 患病封盖子脾症状

四、病原菌在蜜蜂幼虫体内的增殖

蜜蜂幼虫在3~4日龄吞食病原菌孢子，最易感染白垩病。孢子进入肠道后，萌发并开始生长。孢子的萌芽需厌氧条件，而菌丝生长需好氧条件，故而3~4日龄幼虫的肠道厌氧时间短，适合病原菌的生物学特性。菌丝的生长特别喜在肠道的末端，接着菌丝穿过肠壁，最后幼虫躯体末端破裂，菌丝蔓延至幼虫体表生长，并在死虫体表形成子实体。

蜜蜂球囊菌在稍变冷的幼虫体上生长最好，子实体大约在30℃形成。当幼虫封盖后，对幼虫进行短时间的降温（从正常的35℃降至30℃），大部分幼虫对病原菌敏感。

五、病原菌的传播

蜂群内的传播主要是孢子，孢子的抗性极强，至少能在自然条件下存活35年。菌丝体也能直接侵染幼虫。

群间传播可能是飞扬的孢子，也可能是别的种类的蜂，如切叶蜂、独居蜂等（有报道蜜蜂球囊菌也能感染切叶蜂、独居蜂的幼虫）传染给蜜蜂的。蜂箱内的虫尸和被污染的食物是重要的传染源。白垩病自1990年在我国发现后，1～2年即传遍全国，其主要原因为，我国生产花粉的蜂群集中于个别省份，而该花粉又普遍被病原菌污染，其他省份向其购入花粉于春季饲喂蜂群后，造成病害在数省同时暴发。

六、白垩病的流行规律

发病的季节性较明显，一般为春季及初夏，气候多雨潮湿，温度不稳，变化频繁，蜂群又处于繁殖期，子圈大，边脾或脾边缘受冷机会多，发病率较高。蜂箱通气不良，或贮蜜的含水量过高（22%以上），都促进了病害的发展。

Tabarly、Gianffret和Taliercio认为，白垩病的发生和传播与蜂群内使用抗生素有关，因为抗生素的使用，破坏了蜜蜂肠内的微生物区系的平衡，从而促进了真菌的迅速繁殖。而最新的研究证明，蜂群内土霉素的使用并不造成病害的严重。

还有许多学者提出白垩病似乎与蜜蜂其他幼虫病关系密切。Mauriaio在有欧幼病的巢脾上发现白垩病；Wille认为，白垩病似乎与孢子虫病、蜜蜂败血病、立克次氏体病并发而不是单独发病；Mehr、Menapace、Wilson和Sackett、Moeller和Williams已经提出囊状幼虫病和白垩病可能有关，Dreher观察到真菌似乎先在受伤的幼虫上生长。

七、蜜蜂球囊菌与其他蜂种的关系

到目前已经鉴定出球囊菌属孢囊真菌22种，其中，有十几种可以引起膜翅目昆虫尤其是蜜蜂总科昆虫患白垩样疾病，是蜜蜂或切叶蜂的重要病原，而且还不断有新种被发现。有些是其他蜂类的病原，还有一部分种类虽然还没有直接证据证明能对蜂类致病，但的确是蜂类幼虫巢房或蜂粮中的腐生物。Bailey 认为独居蜂或野生蜂在白垩病传播中起了作用。在英格兰，在切叶蜂的死蛹上和切叶蜂的巢房里发现蜜蜂球囊菌。在美国，Baker 和 Torchio 报道了在切叶蜂和土巢蜂的粪便中发现了蜜蜂球囊菌。Thomas 和 Poinar 也从土巢蜂上分离出蜜蜂球囊菌。Batra 和 Bohart 从茧蜂和其他许多种蜂的蜜胃里发现这种真菌，并认为多数蜂种的一些个体在一个区域同采一种蜜源，从而通过花传递这种病原。

八、诊断

①通过在蜂箱前查找典型的病虫来诊断。

②取回干虫尸，刮取体表黑色物，置载玻片上做水浸片，显微镜 400 倍观察，根据真菌孢囊及孢子球、孢子的形态确定病原菌（图 6－4）。

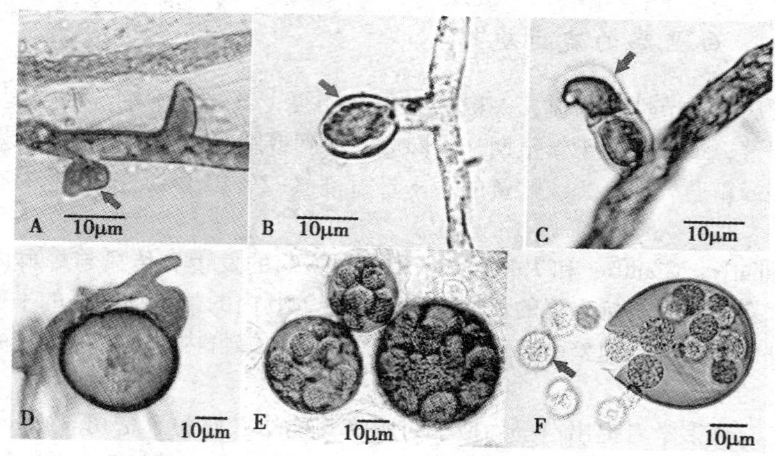

图 6－4　显微镜下观察到的菌丝体及孢子囊（K. A. Aronstein，2010）

九、防治措施

1. 预防

本病发生与蜂箱湿度有极大的关系，潮湿多雨的春季发病严重，所以降低蜂箱内湿度是预防白垩病发生的首要措施。故应在蜂场选址时就注意这个问题。降湿的方法有摆蜂场地应高、燥，排水、通风良好；蜂群内的饲料蜜浓度宜高；晴天注意翻晒保温物。

饲喂的花粉应注意检查，若带了病菌孢子的花粉应消毒后才能使用。

2. 治疗

用干净的蜂箱、巢脾换出病群的箱、重病脾，用福尔马林加高锰酸钾密闭熏蒸消毒；严重的病脾应考虑烧毁。

病群于晴天用0.5%的高锰酸钾喷雾，做成年蜂体表消毒，喷至成年蜂体表雾湿状为止，每天一次，连续3d。

用山梨酸和丙酸钠掺入花粉中饲喂病群，连续7d，用二性霉素B掺入花粉中饲喂病群（0.2g/10框蜂），连续7d。

注意事项：采集期禁止用药。在采集期内发病的蜂群，若采用抗生素治疗，应立即退出采集。

各地养蜂员在长期的生产实践中，为了防止药残和对蜂产品的污染，总结了许多防治蜜蜂白垩病的中草药配方。

①土茯苓60g、苦参40g，加水1 000ml煎液，得药液500ml。枯矾50g、冰片10g，研成极细末，兑入药液中，待其溶解后，加入新洁尔灭液20ml。隔日喷脾1次，连喷4~5次为1个疗程。症状控制后，为防止复发，可间隔1周后再治疗2~3次。

②春繁时在巢门口内侧或箱底撒一把食盐（100~150g），使出入蜂巢的蜜蜂均从盐粉上通过，这样就以蜜蜂为媒介，便食盐遍布全巢，从而起到控制病害发生的作用。因为食盐中的钠离子对病菌的生长有抑制作用。

③用老的生大蒜，一群约0.5kg，去皮，捣碎，均匀放于蜂箱内底板上，让蜜蜂自由舔食，4d换1次，连放4次。

④用1个左右的蒜瓣捣烂，对入适量水，喷蜂和脾，箱内四壁和巢门都要喷到，此法不伤蜂和幼虫。

⑤金银花6g，连翘60g，蒲公英4g，川芎2g，甘草12g，野菊花60g，车前草60g，加水2kg，煎至1kg，配饱和糖浆饲喂，3d饲喂1次，3次为1疗程，治疗3个疗程。

⑥黄连、大黄、黄柏各20g，苦参、红花、银花、大青叶各15g，甘草10g，加水1 000ml，用微火煎到约300ml时倒出药汁，再加水200ml煎5min后倒出药汁与第一次药汁混合备用。对患病蜂群每天喷脾1次，连续3d。

⑦川楝子（苦楝树的果实）10粒，浸泡于250g的60度白酒中，浸一周后用该酒喷脾，1周后可控制病情，一个月彻底治愈。

⑧蜂胶10g，用95%酒精40ml浸泡7d后去渣，将去渣后的蜂胶液加100ml 50℃热水过滤备用。在晴好天气脱蜂后直喷巢脾至雾湿为止，每天1

次，连续7d，能达到治疗目的。

第二节　蜜蜂黄曲霉病

一、发生情况

Messen在德国首次描述了黄曲霉病（Stone brood）。目前主要分布于欧洲、北美、委内瑞拉、中国，现仅发生于西方蜜蜂。

二、病原

蜜蜂黄曲霉病由黄曲霉（*Aspergillus flavusvus*）引起，或由不常出现的烟曲霉（*Aspengillus fumigatus*）引起。黄曲霉的形态特征为，菌落绒状黄色，浅绿-黄色至浅褐-绿色，在老培养物上暗桂皮色，不孕区浅灰白色。分生孢子梗长0.4～0.7mm，浅色，多疣，直径7～10μm，有时有分隔。顶囊圆形至棒矩形，极少具稍钝的末端，直径30～40μm，小梗不分枝，紧密地挤在一起，四面呈放射状，长20μm，直径6μm，一层或二层。分生孢子大多球形，光滑，偶尔具有微粒，直径4～6μm（大多5～6μm），呈易断的链（图6－5）。

烟曲霉在显微镜下极似黄曲霉，但其菌落颜色为灰绿色。

黄曲霉在一般的马铃薯培养基上即生长良好。

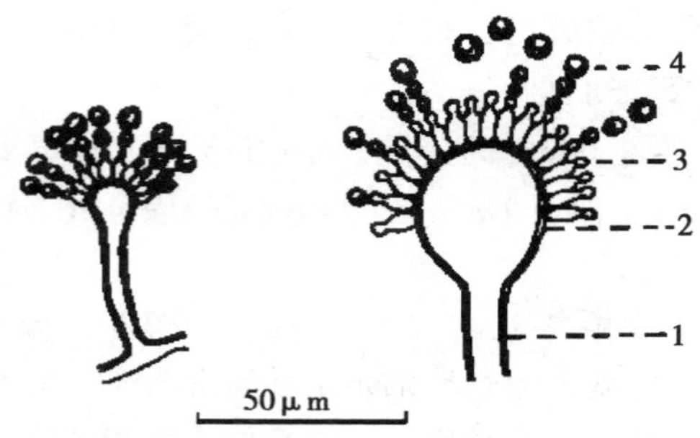

图6－5　黄曲霉菌

1. 分生孢子梗　2. 顶囊　3. 小梗　4. 分生孢子

三、症状

患黄曲霉病的幼虫可能是封盖的，也可能是未封盖的，病原菌有时也会侵染蛹。患病初期幼虫变软，后期幼虫体色呈白带褐色或黄绿色，幼虫死亡后失水并变得十分坚硬，虫尸表面长满绒毛状黄绿色的霉菌。气生菌丝会将虫尸与巢房壁紧连在一起（图6－6）。

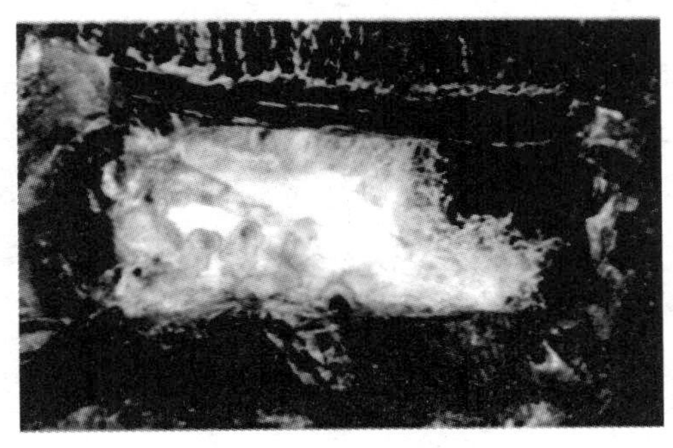

图6－6　黄曲霉病死亡的蜜蜂幼虫

成蜂也会受到黄曲霉的侵染。成蜂患病后最显著的症状是，工蜂不正常的骚动，病蜂无力，瘫痪。腹部通常肿大，孢子在头部附近形成最早最多。死蜂腹部常表现与幼虫整个体躯相似的干硬，死蜂不腐烂。体表上形成孢子。

四、真菌在蜜蜂体内的增殖

蜜蜂吞食孢子后即受害。孢子在消化道内萌发后，产生的菌丝体会危害所有的软组织。然而，孢子也可在体表萌发，菌丝体直接由节间膜处侵入体内组织。

当真菌侵入组织后，幼虫体和成蜂腹部发硬。在被感染的幼虫体内，真菌生长很快，迅速穿透体表，在头后形成一个黄白色环，1～3d内，菌丝体包裹整个幼虫如一层假皮。真菌即在死虫体表产生颜色为黄绿色的分生孢子。

真菌造成蜜蜂死亡的主要原因是，真菌在生长过程中释放的黄曲霉毒素使蜜蜂机体中毒，死亡。菌丝对所有软组织有机械破坏作用，加速了蜜蜂的死亡。

五、病原菌的传播

黄曲霉的孢子在自然界中大量存在，如霉变的谷物、花生等。自然界蜜蜂黄曲霉病的传播可能是随气流自由扩散的孢子感染了蜂群，或者是真菌孢子先污染了花粉，甚至巢脾上的粉房就可能是真菌最先繁殖的地方。

六、与蜜蜂病害有关的其他曲霉

Morgenthaler 描述过黑曲霉能引起蜜蜂曲霉病；Burnside 发现黄曲霉（*A. flavus*）、烟曲霉（*A. fumigatus*）、巢状曲霉（*A. nidulans*）、灰褐曲霉、油绿曲霉、米曲霉（*A. oryzae*）变种、寄生曲霉（*A. parasiticus*）以及黄曲霉－米曲霉群（*A. flavus-oryzae*）在实验性接种时会杀死蜜蜂。黄曲霉比其他曲霉更常危害蜜蜂，烟曲霉也具有很高的致病性。

七、诊断

①根据症状诊断。

②挑取病虫表面黄绿色物质，置载玻片做水浸片，显微镜 400 倍下观察病原菌形态可进一步确诊。

八、防治措施

蜜蜂黄曲霉病较少发生，即使发生发病群数一般不多，对养蜂者来说不太重要。一旦发病则不好处理，因为真菌菌丝会将虫尸与巢房壁紧连在一起，内勤蜂极不易清除，所以，病脾、病群应以烧毁为宜。

（1）换箱、换脾　换出的蜂箱可用高锰酸钾＋福尔马林密闭熏蒸 15h；或用硫黄烟密闭熏蒸 1d。

（2）参考蜜蜂白垩病　用药物饲喂病群。

注意事项：在做换箱、换脾、消毒蜂箱时，操作者要用保护物保护眼、口、鼻，防止人体被黄曲霉菌感染。现已证明黄曲霉菌能在人的鼻孔里生长，从有黄曲霉病的蜂群取得的蜂蜜，人类食用不安全。

第三节 其他真菌病

一、蜂王黑变病

蜂王黑变病是一种危害蜂王生殖系统的偶尔发生的真菌性病害。目前分布于欧洲、加拿大等地，我国尚未发现。

1. 病原

Orosi-pal（1936、1939）将病原定名为黑色素沉积菌。Poltev 和 Neshafayeva（1969）指出，黑色素沉积菌在形态和培养上应相应于出芽短梗霉（*Aureobasidium pullulans*）。Fyg（1943）发现不同于出芽短梗霉的另一种酵母菌也能引起蜂王生殖系统病害，该菌分类地位尚未确定。

2. 症状

蜂王卵巢失去光泽，变黑，产卵管、毒囊、毒腺也会受到影响，内含大的黑色肿胀物，这些肿胀物对输卵管产生压力，被侵染的卵巢萎缩，蜂王停止产卵。若工蜂被侵染，最显著的标志就是后肠外翻。

3. 病原在蜜蜂上的增殖

Fyg 认为病原是通过蜇针腔和生殖孔进入生殖器官，并在生殖器官寄生的。在实验室中可通过生殖道注射使其感染，而工蜂和雄蜂若进行胸部注射也会发生感染。据推测，病原菌是蜜蜂采集甘露蜜时，将生活在其中的真菌带回蜂箱的，在偶然的情况下侵染了蜜蜂。

4. 诊断

取停卵的蜂王，固定于蜡盘上，剪开其腹部，若发现内生殖系统变黑即可确认。

5. 防治方法

因为对该病的研究很少，对其发生规律尚未掌握，只能是用新蜂王换掉停卵的蜂王。这就要求蜂场平时要有储备蜂王。

二、蜂群中发现的其他真菌

Giordani 在意大利从罹病的蜜蜂的肠道中也分离到属于球拟酵母科（Torulopsiduceae）、球拟酵母属（*Torulopsis*）的球拟酵母（*Torupsis* spp.），与 *Torulopsis candida* 十分相似。

Fielitz、Nicholls、Chowdhury 发现 *Trichoderma* 属的 *Trichoderma lignorum* 能引起蜜蜂幼虫及成蜂病害。Grigortsovskaya 和 Borodai 用含有 *T. lignorum* 孢子的糖浆饲喂蜜蜂后，可在蜜蜂的中肠和肌肉上表皮发现菌丝体，肠内含有许多孢子。

Fielitz、Burnside 报道毛霉属（*Mucor*）的 *M. mucedo* 和冻土毛霉（*M. hiemalis*）能引起蜜蜂病害。

Cury 描述了一种由根霉属（*Rhizopus*）的 *R. equinus* 引起的幼虫和成蜂病害。

Burnside 注意到青霉属（*Penicillium*）是蜂箱中常见的真菌，虽然它实际上不会寄生于蜜蜂，但长满青霉菌的巢脾，蜜蜂不太接受。

Cowan 在丹麦描述一种类似黄曲霉病的蜜蜂真菌病，并认为是麦角菌属（*Clavicops*）的真菌引起的，先是雄蜂幼虫，后是工蜂幼虫，最后是成蜂受害。

Gury 指出在一些寒冷国家，短柄帚霉（*Scopulariopsis brevicaulis*）能在蜜蜂消化道生长，引起蜜蜂死亡。

第七章

其他病原物引起的蜂病及其防治

第一节 蜜蜂微孢子虫病

一、发生情况

Zender 第一次证实在成蜂消化道上皮细胞中发现的小球体是寄生性的小孢子，小孢子能引起的疾病为孢子虫病。目前，在全世界的西方蜜蜂上都存在。在我国，孢子虫病也广泛分布，且发病率较高，经常与其他病原物一起侵染蜜蜂，造成并发症，给蜂群带来很大损失。孢子虫不但侵染西方蜜蜂，也侵染东方蜜蜂，但东方蜜蜂尚未见流行病。

二、病原

Zender 将引起孢子虫病的小孢子称之为微孢子虫（*Nosema apis*），1994 年 Fries 等从中国北京的东方蜜蜂上又发现了一个新种，命名为 *Nosema ceranae*，到目前已在亚洲、欧洲、北美洲和南美洲检测到该种，在欧洲甚至有取代 *N. apis* 之势。两种微孢子虫的孢子极为相似，大小（3～8）μm×（1～3）μm，椭圆形，米粒状，*N. ceranae* 的孢子比 *N. apis* 的略短，在显微镜下带蓝色折光，孢子内藏卷成螺旋形的极丝（图 7－1），*N. ceranae* 有 20～23 个极丝螺旋，*N. apis* 有 30～44 个。两种微孢子虫在东方蜜蜂和西方蜜蜂上能交叉感染，并且在实验条件下发现 *N. ceranae* 的致病性更强。

三、症状

被孢子虫侵染的蜜蜂无明显的外观的疾病症状，甚至当被侵染的蜜蜂的中肠出现明显的损伤时，也无明显的外观症状。解剖被侵染蜜蜂则可发现，中肠由蜜黄色变为灰白色，环纹消失，失去弹性，极易破裂（图 7－2）。

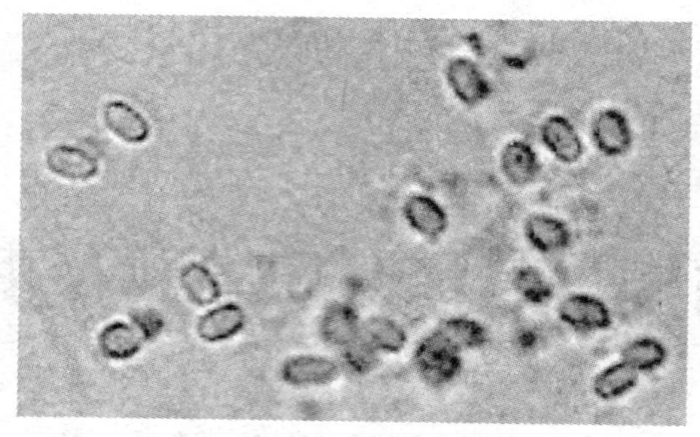

图 7－1　蜜蜂微孢子虫

图 7－2　被侵染中肠（上）和健康中肠（下）

春季及夏季，蜂群中被孢子虫侵染的蜜蜂的寿命只有健康个体的一半；被侵染的笼蜂寿命缩短 10%～40%；并且患病个体的王浆腺发育不完全，影响了对幼虫的哺育及蜂王浆的生产。Hassanein 指出，孢子虫引起的王浆腺的发育不良，是夏初发病蜂群中大约 15% 的卵不能发育成正常幼虫的原因。

冬季被侵染的蜜蜂，脂肪体的含氮量仅为健康蜂的 1/4～1/2；病蜂血淋巴中的氨基酸含量也低于健康蜂。直肠内容物迅速增加，所以冬季病蜂会下痢，早衰，寿命缩短，造成蜂群越冬失败或严重的春衰（图 7－3）。雄蜂及蜂王对孢子虫也敏感，蜂王若被侵染，很快停止产卵，并在几个星期内死亡。

图7－3　患病蜂群的脾面（左）和巢门前的下痢情况（右）

四、孢子虫在蜜蜂体内的繁殖

孢子被蜜蜂吞食，即迅速地进入中肠，当孢子到达中肠后，在中肠消化液的刺激下，放射出中空的极丝，通过极丝，将胚原基注入蜜蜂中肠上皮细胞。胚原基在蜜蜂中肠上皮细胞中生长，繁殖，会明显导致寄主细胞里RNA合成减少，在蜂体内30℃情况下大约5d后形成孢子，1周左右，寄主细胞则充满孢子。充满孢子的细胞从组织上脱落，散布到肠腔中。有些脱落的细胞进入直肠而被排出。和细胞一起被排出的孢子能存活相当长的时间，因为孢子抗冷冻，抗干燥。其他脱落细胞在肠腔内破裂，释放出孢子，孢子又迅速重新侵入新的细胞，生长、繁殖，如此循环不已。如果对感染程度进行数量测定，被最严重侵染的蜜蜂肠内可产生3 000万～5 000万个孢子。

蜜蜂微孢子虫进入中肠后，是否能侵入中肠上皮细胞与蜜蜂中肠的围食膜的致密程度有很大关系，而蜜蜂中肠围食膜的致密程度又与中肠酪素酶的活性有关，当酶活性高时，围食膜致密；酶活性低时，围食膜疏松。围食膜的致密程度与孢子虫侵染成负相关，围食膜越致密，侵染越少；越疏松，侵染越多。所以，蜜蜂中肠酪素酶的活力决定了蜜蜂微孢子虫的侵染。

在一年四季中蜜蜂中肠酪素酶的活力是随季节变化的，冬季、春季最低。

五、蜜蜂微孢子虫病的传播和流行规律

群内个体间的相互传播，通常发生在冬季及早春，外界温度低或多雨，蜜蜂被迫长时间幽闭，无法进行排泄飞行，疾病又促进了下痢，污染了箱内环境及巢脾，蜜蜂进行清洁工作时，吞食了孢子。

群间传播主要是孢子能随风到处飘落，造成大面积、大范围的散布；病、健蜂采集同一区域的同一蜜源时，病蜂会污染花及水源。

病害在一年中，冬、春、初夏是流行高峰，到了夏季，病害会显著的降低。一方面，这与蜜蜂中肠酪素酶的活力变化相吻合，冬、春、初夏酶活力低，围食膜疏松，侵染严重，夏季酶活力高，围食膜致密，侵染减轻。另一方面，夏季的高温也抑制了孢子虫在蜜蜂体内的增殖。第三，夏、秋季节，蜜蜂排泄方便，病蜂排出的孢子不会污染蜂箱、巢脾，减少了群内个体间的互相传染。

六、诊断

1. 形态学检测

工蜂检查方法：随机取疑似患孢子虫病蜂群中的新鲜病蜂 20 只放在研钵中研碎后加蒸馏水 10ml，混匀制成悬浊液，取一滴置于载玻片上，盖上盖玻片在 400 倍显微镜观察，若发现有椭圆形，带有折光性的，米粒状孢子，即可确诊为孢子虫病。

蜂王检查方法：由于蜂王在蜂群中的特殊性，对蜂王只能采用活体检验法，方法如下：抓取蜂王将其扣在纱笼或玻璃杯中，下垫一张白纸，待蜂王排便后取少许粪便，然后涂片、镜检。检查完成后将蜂王放回原群。

2. 免疫学检测

宿主感染微孢子虫后，由于孢子虫蛋白的特异性，在血清中会产生特异性微孢子虫抗体，可利用间接免疫荧光抗体法或酶联免疫吸附法来检查宿主血清中抗体的相对水平。该方法不但可以检测孢子虫的存在而且还具有种间的特异性。

3. 分子生物学诊断

分子生物学方法应用在蜜蜂微孢子虫上的时间较短，由于蜜蜂微孢子虫的常规诊断方法较为简单有效，所以应用分子生物学方法主要是用来对采集到的微孢子虫进行分类研究。2005 年，Mariano Higes 等利用西方蜜蜂微孢子虫（*N. Apis*）的 16S rRNA 基因（U26534，GI857487）设计了一段引物（NOS – FOR：5′-TGCCGACGATGTGATATGAG-3′/NOS-REV：5′-CACAG-CATCCATTGAAAACG-3′），该引物可扩增出一段 240bp 的片段，该片段位于总 RNA 链的 644 ~ 883 碱基位。利用该引物，首次从患病的意大利蜜蜂（*A. mellifera*）中分离鉴定出东方蜜蜂微孢子虫的存在，证明了东方蜜蜂微孢子虫（*N. cerana*）可侵染西方蜜蜂并造成危害。

七、防治措施

因为抗原虫药物（咪唑类药物）在蜂群中禁用，所以，一定要注意预防。原虫引起的疾病一般发生在越冬期和春季繁殖期，防治措施如下。

①要给予蜂群优质的越冬饲料，早春不得使用代用花粉。

②越冬、春繁保温要适当，注意保温与通风的协调，特别是使用塑料薄膜覆盖保温的，一定注意在内侧出现水流时，掀膜降湿。

③春季饲喂酸饲料，1kg 糖浆或蜜水中加 1g 柠檬酸，每群每次喂 0.5kg，隔 5d 喂 1 次，连喂 5 次，预防效果较好。

④孢子虫发生严重时，可使用烟曲霉素防治蜜蜂微孢子虫病，效果十分理想。现为国外唯一使用的防治孢子虫的药物。其使用方法为：蜂群越冬前饲喂越冬饲料时，即将烟曲霉素拌入蜂蜜或糖浆中，每群蜂喂 8L 糖浆，每升糖浆含 25mg 烟曲霉素。使用烟曲霉素治疗蜜蜂微孢子虫病，将药物拌入糖浆其效果优于拌入花粉、糖粉、糖饼中饲喂。

⑤被病虫污染的蜂箱要及时洗净、消毒。

第二节　蜜蜂马氏管变形虫病

一、发生情况

德国的 Maussen 和瑞典的 Morgenthaler 最早报道了蜜蜂马氏管变形虫病（Amoeba disease）。该病在欧洲、美洲、亚洲、新西兰均有发生的报道。目前，不仅发生于西方蜜蜂，对东方蜜蜂中蜂也造成危害。

马氏管变形虫病常与蜜蜂微孢子虫病并发，并发的概率高于单独发生的概率，且并发后对蜂群的损害大大高于两病害单独发生。

二、病原

Pred 在德国对蜜蜂的原生动物进行描述和分类，把病原定名为蜜蜂马氏管变形虫（*Malpighamoeba mellificae*）。但曾经被 Stenhans 称为 *Vahlkampeia mellificae*。病原一生有两阶段——变形虫（阿米巴）阶段与孢囊阶段。变形虫阶段无固定形态，细胞柔软可任意变形；孢囊阶段则为圆球形或椭圆形，孢囊大小约5~8μm，壁厚，在显微镜下有淡蓝色折光（图7-4）。

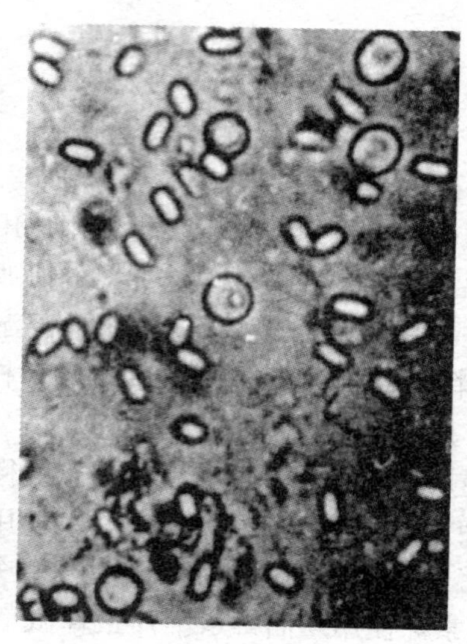

图7-4 蜜蜂马氏管变形虫孢

三、症状

被感染的蜜蜂腹部膨胀拉长，飞行不便，腹部末端2~3节为黑色（图7-5），解剖病蜂，拉出中肠，可见中肠末端变为红褐色；显微镜下，马氏管变得肿胀、透明，但被侵染的马氏管上皮可能萎缩。后肠膨大，积满大量黄色粪便（图7-6）。病蜂常聚集在巢箱内上框梁处（图7-7），病蜂下痢。

四、变形虫在蜜蜂体内的增殖

成蜂取食孢囊后感病，孢囊进入中肠后，可能在中肠末端，或直肠里增殖。孢囊萌发后形成变形虫营养体，可直接转移至马氏管。变形虫在马氏管上皮细胞内或细胞外靠伪足取食。据Fyg报道，蜜蜂被变形虫孢囊侵染后22~24d，变形虫营养体又形成新的孢囊。新形成的孢囊随粪便一起排出。

图7－5　病蜂（左）和健蜂（右）

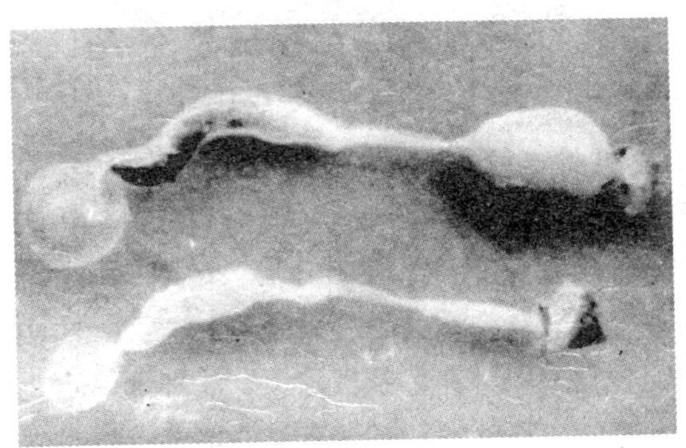

图7－6　病蜂（上）和健蜂（下）的中后肠

五、变形虫病的传播和流行规律

疾病的群内传播主要是随粪便排出的孢囊，Bailey 在从巢脾上刮下的粪便中检查到孢囊。新形成的孢囊随粪便一起排出。

尽管 Bulger 发现在春季，马氏管变形虫的感染比蜜蜂微孢子虫早 6 个星期，但许多研究者，如 Bulter、Bondonenko、Bailey 发现，在北半球的温暖的地区，在 4 ~5 月有一个变形虫侵染的明显高峰，接着突然下降。在仲夏之后，侵染几乎难以发现。这种变化，与蜜蜂微孢子虫极相似。

马氏管变形虫病与蜜蜂微孢子虫并发的原因是它们传播途径相同，发病季节也相同，但这两种病害并不互相依赖，可是混合感染危害大，极易使蜂群暴死。

图 7－7　病蜂聚集在上框梁

六、诊断

①根据症状检查病蜂腹部。

②拉出中肠观察其颜色，病蜂中肠末端棕红色，后肠积满黄色粪便。

③挑取可疑中肠之马氏管，置载玻片上，滴加蒸馏水，盖上盖片，显微镜 400 倍检查，可从马氏管破裂处看见大量逸出的变形虫孢囊，即可确诊。

七、防治措施

防治措施与蜜蜂微孢子虫相同。

第三节　蜜蜂爬蜂综合征

蜜蜂“爬蜂病”是 20 世纪 80 年代末至 90 年代初严重危害我国养蜂生产的一种成蜂病，该病流行迅速，造成的损失极为严重。据浙江省统计，1988 年，全省 127 万群蜂中有 25 万群蜂遭受危害，经济损失达 1.1 亿元以上；1990 年全省 132 万群蜂中 60 多万群蜂不同程度遭受危害，仅早春一季，直接经济损失就达 6 000余万元。

一、病原

蜜蜂爬蜂综合征的病原十分复杂，这种病害刚暴发流行时，因临床症状与蜜蜂微孢子虫病有许多相似之处，因而许多地方将其当做蜜蜂孢虫病。但经防治后，效果均不理想，病害曾于铁路、公路沿线迅速蔓延，仅2年时间全国就暴发流行。

目前，对该病病原的研究表明，蜜蜂爬蜂综合征是多种蜜蜂病原物混合感染的结果，已发现的病原有：蜜蜂微孢子虫（*N. apis*、*N. ceranae*）、蜜蜂马氏管变形虫（*M. mellificae*）、蜜蜂螺原体（*S. melliferum*）、奇异变形杆菌（*Proteus miralalis*）。

这4种病原无一单独检出，均以混合感染形式出现，其中，4种病原同时出现的占85.2%，3种病原同时出现的占14.8%。我国蜜蜂螺原体的发现，就是在综合征中分离出来的，所以有一段时间，就认为是蜜蜂螺原体病。奇异变形杆菌是第一次从蜜蜂中分离到，该菌曾在家禽病害中报道过，它们对蜜蜂的病理作用目前尚不清楚。

二、症状

发病蜜蜂行动迟缓，腹部拉长，翅微上翘，前期呈跳跃式的飞行，后期失去飞行能力，在地上爬行，最后抽搐死亡。死蜂吻吐出，翅张开，相似农药中毒，但死前不急促翻滚，后腿不带花粉团，也不全是采集蜂。死蜂多散布在蜂箱周围的草丛中，坑洼里。病蜂解剖观察：中肠变色，后肠膨大，积满黄或绿色粪便，有时有恶臭。

发病蜂群前期表现烦躁不安，有的下痢，蜜蜂护脾能力差，大量成蜂坠落箱底。病害严重时，大量青、幼年蜂涌出巢外，蠕动爬行，在巢箱周围蹦跳，或起飞后突然坠落，直至死亡。气温较高的夜间，部分病蜂飞出箱外，趋向光源，蜂农称之“夜飞蜂”，量大时，撞击帐篷如雨点。

三、流行规律

发病有明显的季节性，一般从早春开始，零星发病，3月病情指数急剧上升，4月为发病高峰期，5月病害减轻，秋季病害基本“自愈”。该病与温、湿度关系密切，月平均气温在15℃左右，易发病，月平均气温在20℃以上时，病害消失；降雨量大，降雨天数多，蜜蜂被迫幽闭箱内时间长，箱内湿度也大，易发病。

病害的发生与过早春繁也有关。近年来，许多蜂场为提高养蜂效益，一味提早春繁时间，将立春前后的春繁工作提早到1月中下旬进行，有的甚至取消了越冬期，12月即着手促进蜂群繁殖，再加上春繁使用的饲料质量低劣，既影响了新蜂的体质，也加重了老蜂的代谢负担，使蜜蜂的抗病力大为减弱。

保温方法不当造成病害流行。因提早春繁，外界温度太低，不得已采取了种种过分的保温措施，除箱内填塞大量保温物外，箱外还用塑料薄膜包裹得密不透风，使蜂箱通气不畅，闷热高湿，极有利病原物繁殖，而对蜜蜂繁殖却不利。

四、防治措施

爬蜂综合征的发生是饲养管理不当及使役蜂群过度引起蜜蜂病害的典型的例子。病原十分复杂，既有原虫（孢子虫、变形虫）、细菌（蜜蜂螺原体、奇异变形杆菌），又有病毒，是多病原引起的综合征，根本无法用药物控制。防治要点主要是调节管理措施，一是不要过早春繁，给蜜蜂休养生息的时间；二是饲喂优质的越冬、春繁饲料；三是注意通风降湿；四是饲喂酸饲料，控制原虫繁殖；五是减轻蜂群的负担，缩短生产蜂王浆的时间。

中草药配方也可用于爬蜂综合征：

①黄连、黄柏、黄芩、虎杖各1g，加水400ml煎至300ml，倒出药液，再将药渣中加入300ml水，煎至250ml，倒出药液，再加入水200ml煎至150ml倒出药液。将3次所得药液混合过滤，在晴好天气喷脾，每脾喷30ml药液，隔3d喷1次，一般3次可治愈。

②大黄10g，用300ml开水泡3h后倒出药液，再冲入开水200ml，泡2h后倒出药液，再用200ml开水泡药渣1h后倒出药液。3次药液混合过滤，喷病脾，每脾30ml左右，隔2d再喷1次，病重者2d后再喷1次，即可治愈。

③米醋50ml，生姜水5ml，加1kg糖浆。每天每群喂250ml，连喂4d，对春季爬蜂综合征能起到有效的预防和治疗作用。

④大蒜100g，甘草50g，60°白酒200ml，浸泡10d后取上清液加1kg糖浆，每天每群喂500ml，连喂4～5d，对爬蜂综合征有效。

⑤黄花败酱草（干品）250g，加水2.5kg，煎汤配制饱和糖浆，分作2晚饲喂。

⑥大蒜500g捣成泥，2kg醋酸溶液中浸泡7d，然后滤出蒜渣即成“蒜醋酸溶液”，在糖液中加入3%左右该溶液，每晚喂蜂，连喂10d。

第八章

遗传和环境因素引起的疾病及其防治

蜜蜂的三型蜂，除病虫害危害外，还有其他因子造成许多异常的现象。这些现象包括死亡、畸形、遗传病变和其他生理功能的失调。所有这些异常都可由于不良外界环境，不适当的营养以及遗传变异，染色体的重新组合引起的。这些异常不具有传染性。

第一节　高低温的伤害

一、卵和幼虫的高温伤害

幼虫的过热，是由于持续的高温或蜂群丧失调温能力造成的。蜂群在长途转地过程中，若群势过大，蜂箱缺乏充足的空间和通气条件，往往造成一些老蜂的不断骚动和取食，使蜂箱内的温度不断上升。这样，除造成相当一部分成蜂的死亡外，箱内的幼虫和卵蛹由于无法忍受这种致死高温而死亡。据知，幼虫的最低致死高温为37℃。

夏季做好蜂群的遮阴降温，运输蜂群途中注意通风，盛夏应考虑天黑后运蜂，均可降低高温对蜜蜂的伤害。

二、卵、幼虫的冻害

虫卵受冻，是由于外界天气过冷所致。春季繁殖期，幼虫的数量超过成蜂所能照顾的量和夜晚寒冷时蜂团收缩所能维持的温度，低于虫卵所需温度，虫卵受冻经常出现。也有可能是蜂群由于杀虫剂毒害或人为分蜂后部分老蜂返回原巢造成的群势突然下降所致。

一般说来，外界气温持续一段时间低于14℃就很可能造成虫卵受冻。

受冻的幼虫和卵多出现在蜂团的侧面和下部边缘，受冻幼虫的外表可有多种形状，一般为奶黄色，腹部边缘带有黑色或褐色。幼虫质地干脆，油脂或呈水状，但不黏稠。气味一般较淡，有时也有令人讨厌的酸味。封盖幼虫的死亡有时会出现封盖穿孔现象。同其他幼虫病相比，冻死幼虫的显微诊断，一般找不到病原微生物。受冻的蜂卵通常呈干枯状，无法孵化。

冬季保温则是保证越冬蜂群安全的最佳做法，一方面可以维持巢温，另一方面也可以减少越冬蜂群饲料的消耗和体力消耗，保证越冬安全。

三、成蜂束翅病

蜜蜂束翅病是我国长江流域及其以南各省西方蜜蜂常见的非传染性病害。发病严重季节多在7～8月。江浙地区多发生于芝麻花期，福建多发生于籽瓜和黄麻花期。若不及时采取预防措施，严重的蜂群发病率可达70%以上。由于新老蜂交替衔接不上，导致群势迅速下降，造成度夏的严重困难或秋衰。

引起束翅病的主要原因也是由于气温太高蜂箱内湿度太小导致幼虫发育不正常。若群内饲料缺乏，发病会更严重。

束翅病多发生于气候变化异常、粉源较多的季节。初羽化出房的病蜂，重的四翅卷曲，轻的翅尖卷曲或翅面折皱，不能飞翔，爬行于巢外而死亡。尤以边脾或每一巢脾外围的巢房所羽化的幼蜂最易得病，通常在第一次出巢试飞坠地而死。

蜂群做好遮阴降温，干旱少雨注意给蜂群补水，维持蜂箱内应有的湿度。

第二节　遗传病

一、二倍体雄蜂

在没有病原物侵染的情况下，群内出现卵不孵化，幼虫不化蛹或蛹死亡，这些症状很大部分来自于遗传的缺陷。在高度近亲繁殖的蜂群内，常出现大面积发育参差不齐的幼虫，蜂王所产的卵约有50%不能孵化出幼虫。已证实这些无法生存的蜜蜂为二倍体雄蜂，它们是由于染色体的分离造成某一位点上的纯合性。利用卵孵化器可以成功地培育出成熟的二倍体雄蜂，这种二倍体的雄蜂不仅可以生存，还可产生二倍体（2n＝32）的精子。

近亲繁殖造成幼虫生存率下降可能有遗传的原因，也有认为是别的原因所决定的。在蜜蜂16对染色体中，当其中一对染色体上的X位点异质时，就发育为雌蜂；当半异质（单倍体）或同质时，就发育成雄性蜂。据估计，X位点上的等位基因数有11个或12个。杂合子（工蜂和蜂王）和半杂合子（单倍体雄蜂）可生存，但纯合子（二倍体雄蜂）在孵化后6h内会被工蜂取食掉。用单一雄蜂的人工授精，假如雄蜂和蜂王没有相同等位基因，那就不会出现幼虫的损失，而当蜂王两个性等位基因之一与雄蜂相同时，就有50%幼虫损失。多雄授精的后代，在自然交配和人工授精里，根据精液中有与蜂王相同性等位基因的比例，可使其幼虫损失率在零到50%范围。

二、致死性遗传

在幼虫各期发展中，会出现一种半致死性或生存力下降的症状，其造成的损失率最高可达18%。

这种遗传性生活力下降在后代各代间表现不同，死亡的幼虫的外观只有在封盖幼虫才能观察到。对于雄蜂，在其羽化前9～14d，会以幼虫、预蛹和蛹或成虫形态死亡。死亡的幼虫和预蛹可呈灰或黑色，外表呈囊状，内含水状物质，可与一般幼虫病相区别。

造成遗传性活力下降，可能是存在而二种分离的半致死基因，一种是与brick位点连锁，一种是与Snow位点连锁。还有可能存在6个或更多的低生活力的多基因共同作用产生一种致死现象。在最少的发育压力作用下，较多的低生活力基因出现才可导致死亡，而在较大的发育压力作用下，只需较少的低生活力的基因的作用就可导致死亡。

三、可见变异

在蜜蜂上已发现多达30种变异表现型，其中，关于复眼颜色变异有20种，复眼结构变异有3种，翅膀变异的有5种，还有一种关于体色和体毛的变异。

复眼的变异会出现多种颜色，每一种变异都有独特的性状。颜色可从全白到黄、红和褐。这些颜色的变化据知是由于色素不完全形成引起的，可按孟德尔隐性基因理论遗传下来。

在复眼结构变异中，会出现无限变异，眼表面缩小，小眼退化。一般说来，雄蜂只出现无眼和眼面缩小，而独眼畸形可出现在工蜂上或雄蜂身上。眼面缩小均与有石榴红色的复眼同时出现。

翅的变异有 4 种翅形变异的表现型和 1 种翅的组成变异的表现型。短而细的表现型呈现又短又窄的翅形，平截表现型呈现短而顶部方形的翅；具皱的表现型在前翅顶部有折皱区；具皱而短的表现型包括了异常的翅脉。下垂的表现型的翅会垂向一边。在这些翅变异的表现型中，只有细小和具皱的表现型能飞翔。每一种翅的表现型的基因都按照孟德尔单一性状遗传的。下垂为显性表现型，造成对雄蜂的致死，其他表现型为隐性的。

影响身体颜色主要有 3 种突变，它们会使蜜蜂体壁黑色区颜色变淡，但不影响复眼的颜色。

造成体毛丢失或体表光秃的变异，有一种变异情况是体毛无法长出，另一种变异情况是体毛会长出，但容易丢失而形成无毛的外表。

许多种生活力低的蜜蜂伴随着多种变异基因的表现型，影响最大为平截形翅、短翅和无眼表现型。同种基因引起的生活力低在后代间和同代间不同时期内会有差异，表明发育中不同基因的负担和环境施加的压力会产生这些差异。

四、嵌合体

1. 雌雄嵌合体

雌雄嵌合体指的是蜜蜂的性嵌合，即体躯部分表现为雄性特征，另一部分表现为雌性特征。雌雄组织在嵌合体上不同部位的分布会呈现许多形态。雌雄组织的区别可以根据体躯，如一只工蜂头部附带上雄蜂的胸腹部；或根据体例甚至是雌雄组织的部分。最常见嵌合体的结构形状是前面雄的，后面雌的。相互靠近的组织最有可能为同性的。

嵌合体的雌雄组织可有许多不同的来源，可在有遗传标记的种群内发现。在这些嵌合体中，雌性组织起源于一般的合子，雄性组织起源于一种或更多的副精子（这种精子在非嵌合体内不参与发育）。另一种较为少见的嵌合体是父母本（合子）的雌性组织和母本的雄性组织。对这种嵌合体，还无法肯定受精是发生在卵裂后或者这种嵌合体是来源于一种双核卵的简单受精。嵌合体也常由未交配的蜂王产生，似乎是起源于不常见的双核卵。

在一个通过选择和近亲繁殖而产生的嵌合体种群内，嵌合体的出现概率会有增加，但连续 4 代与非产嵌合体的种群的雄蜂杂交，嵌合体不再出现。

嵌合体在未加选择的种群中是少见的。如果出现了嵌合体，通常也只在某一代中出现一些。不断的选择和近亲繁殖，嵌合体可在受精卵的后代中出现40%的比例。

2. 其他嵌合体

在遗传标记的种群中，已发现许多种其他类型的嵌合体，如雄蜂嵌合体，它们的合子组成是双倍体雄蜂而不是雌蜂，加上配子式的单倍体雄蜂组织。带有父本的雌性组织的嵌合体是从副精子间融合中发育而来的。

遗传性疾病的预防原则为，避免近亲繁殖。我国蜂农习惯自己育王，并常年如此，蜜蜂遗传病的发病率较高。遗传病的预防是十分简单的，经常地从专业育种场引进产卵的蜂王作为母系亲本，一般3～5年就应向专业育王场购买新王，引进新的“血缘”替换饲养的蜂种，用其所产幼虫育王，即可消除近亲繁殖的危险。

五、死卵病

一般情况下，一只新交配后的蜂王会产下一些无法孵化的卵，它们或被工蜂清除掉，或本身皱缩。蜜蜂卵无生活力的原因还不完全了解，很有可能是近亲的繁殖，使蜂王生活力衰退，从而在某一蜂王后代产生不能孵化的卵。对卵不育的另一种假设是后代的蜂王是三倍体，造成后代的卵呈现非整倍体，表现无生活力。对于有较高比例的卵不育群体，后代的母王在染色体的倒位和移位上是异质性的。

死卵病的卵不能孵化，逐渐干枯，它只是极少存在于大量健康幼虫间，可与卵冻伤相区别（冻伤是成片卵的死亡）。

第三节　其他异常

一、工蜂产卵

工蜂产卵是蜂群在失王的条件下，工蜂卵巢得到充分发育而产下未受精卵。在无王条件下，产卵工蜂的发生率随不同种群会发生变化。南非海角蜂在无王后几天，产卵工蜂就开始发育，而其他蜂种相对要较长时间才出现产卵工蜂。

工蜂的卵巢发育在分蜂群或老王群内是常见的，因而在有王群中偶尔也有工蜂产下几粒卵。当蜂王被限在巢箱下，隔王板上有时出现的一些雄蜂幼虫很可能就是产卵工蜂引起的。如果一只蜂王成功地被诱入到有产卵工蜂的蜂群里，工蜂就会伴随蜂王而逐渐减少产卵直至完全停止。

工蜂产卵现象一般可根据无王群的卵和幼虫的出现或根据幼虫外表判断出来。在一巢房中可出现许多粒卵，一些卵是粘在房壁而不是房基（图8－1）。工蜂产的一些卵可发育成幼虫，但许多卵和幼虫会被吃掉。工蜂产卵后3~4个星期，蜂群内会出现许多小雄蜂，其结果是群势下降直至死亡。

图8－1　工蜂产卵及脾面

工蜂产卵群的处理方法是将蜂群幼虫取走，用新孵化的工蜂幼虫来替代，然后介绍产卵王。或者是将产卵工蜂群内的所有巢脾取走，使产卵工蜂饥饿2天。由于工蜂卵巢的退缩，产卵王的接受率会提高。另外，还可将产卵工蜂在远处抖落巢脾，使之无法回到蜂箱。

二、畸形蛹

Fyg描述过二种畸形蛹，其中之一称为“白头蜂”，那是因蜂体壁都变黑后，其头部和附肢仍保持白色，这种白头现象是由于前胸气门受堵而造成的缺氧引起的。在另外一种称为“Muttenz”畸形蛹里，表现为蜂体腹部前部分缩短，头部扩大，前部的消化系统易位而造成腹部的极端缩短。

此种情况罕见，无须防治。

三、残缺蜂

在老的哺育蜂组成的蜂群里会出现一种个体极小但形态正常的侏儒工蜂。这种蜂的产生很可能是在老幼虫期间营养不良造成的。侏儒蜂王也可因营养不良而产生。

在另外一种正常的蜂群内，也偶尔会出现一些翅膀伤残，无法飞翔的工蜂，表现为翅缺失，无法伸开或部分伸开，部分皱折。三型的蜜蜂都会发生翅的伤残，但最常见为雄蜂。带有残翅的蜂王常是在寒冷天气的蜂团边缘的王台里羽化出来，这种伤残是由于蛹期的异常温度造成的。由于不正常的化蛹，工蜂和雄蜂的触角、口器和足也会发生残缺。

四、蜂王异常

蜂王的内在异常表现为蜂王内部结构的异常，如未发育的卵巢；1 个或 2 个侧输卵管的缺失；2 个受精囊的出现；卵巢管不在卵巢内而位于腹部的其他地方。这些功能性疾病一般不是外部感染引起的。

另一种蜂王异常指的是蜂王昏迷。这种现象往往出现在挟住蜂王翅膀将蜂王从脾上捉走的时候。表现为蜂王用后足将腹部钩在最后一节的背板上，将腹部末端往前拉，然后出现短暂的僵固，几分钟内不能活动，以后才慢慢恢复到原来的正常活动。这种现象往往出现在产卵的有膨大腹部的幼王上。有时蜂王由于僵固无法恢复而导致死亡。

一种未确诊的蜂王异常是产下大量不成比例的雄蜂，而蜂王并非未交配或受精囊内的精液耗尽，只是在受精囊内许多单个盘绕的精子取代了正常的不稳定的精子团。另外，Fyg 描述了由尿酸结晶组成的结石出现在蜂王的直肠。结石形状多变，直径约 1mm，颜色有黄色、红棕色、灰色或棕黑色。这种结石的出现可对蜂王输卵管产生压迫，并阻碍产卵。

出现蜂王异常，换王是唯一的办法。所以，在蜂场中，非育王时期要有储备王，否则，只能合并蜂群。

五、未知起因的疾病

下痢是蜂群较为常见的一种疾病，表现为成年蜂腹部膨大，在蜂箱内或其附近乱排泄，污染巢内的巢脾和巢门口。被感染的蜂群由于下痢和侵染性病害共同作用会迅速死亡。

除病原物引起的下痢外，一种起因不明的生理失调也造成蜂群下痢，主要发生在越冬末期冬团骚乱或蜂群在潮湿的条件下长期幽闭。秋季给蜂群饲喂液态的蜂蜜，当蜜蜂出外排泄飞行受阻，其直肠会积累过多的废物，从而造成蜜蜂在箱内排泄。

近来人们认为，发生下痢的最终结果是蜜蜂在直肠积累水，排出稀粪，但食物含太多的水分并非是下痢的原因，真正的原因是食物中含有毒素。这种毒素的化学性质目前还不清楚，可能是葡萄糖或果糖中的有机酸或无机酸的作用所产生的。毒素的存在打破了蜜蜂体内水分的代谢平衡。在使用转化蔗糖和用酸水解的淀粉饲喂蜜蜂，会使蜜蜂的寿命缩短50%或更多。

水解蔗糖类似于蜂蜜，比蔗糖本身更适合于饲喂蜜蜂。但是水解蔗糖除非用酶水解，否则会迅速引起下痢并导致蜜蜂的死亡。加热过的蜂蜜，由于葡萄糖和果糖中自然酸的作用，对蜜蜂也是有毒的。另外，饲喂在室温下贮存几年的蜂蜜，或用酒石酸氢钠煮沸的不完全水解的蔗糖也会造成蜂群不同程度的下痢。

第九章

蜜蜂中毒及其防治

蜜蜂中毒是一种常见和自然的现象。造成蜜蜂中毒的原因主要是大面积施用对蜜蜂有毒的农药，某些植物的花蜜和花粉对蜜蜂产生的毒性以及工业污染和烟雾对蜜蜂造成的毒害。虽然蜜蜂中毒并无传染特性，但一旦发病，可短时间内摧毁整场蜂群，给养蜂业带来极大的危害，导致某些局部地区无法养蜂。

第一节 农药中毒

农作物病虫害的防治，目前在很大程度上依赖于农药的使用。随着农作物面积的不断增加，单作农田的不断扩大，各种害虫、螨害和病害的经常发生造成各种特定的化学药剂使用不断增加。由于蜜蜂对当前使用的多数农药均十分敏感，加上蜜蜂对许多种农作物的授粉的密切关系，使得蜜蜂农药中毒成为世界范围的养蜂业的一个严重问题。数字有待核实，美国蜂群总保有量不过200多万群。在我国，农药中毒已经造成某些地区养蜂业的巨大损失，一些蜜源作物如棉花、向日葵以及柑橘，由于农药大量使用，在某些地方使得蜜蜂无法利用。

蜂群的农药中毒后所表现第一迹象，就是在蜂箱口处出现大量已死或将要死的蜜蜂，这种现象遍及整个蜂场。许多农药不仅能毒死成年蜂，而且还能毒死各个时期的幼虫。大多数的农药常使采集蜂中毒致死，而对蜂群其他个体并无严重影响。有些时候，蜜蜂是在飞回蜂箱后大量死亡，造成蜂群群势严重削弱。极端情况是，农药由采集蜂从外边带进蜂箱内，使蜂箱内的幼虫和青年工蜂中毒死亡，甚至全群死光。

一、农药的种类及对蜜蜂的毒性

农药种类很多，但归纳起来，对蜜蜂毒杀作用不外是胃毒、触杀和熏杀。这些不同种类的农药喷洒到植物上以后，有的是通过蜜蜂采粉和采蜜或巢内的清洁活动，直接吞食药物，产生胃毒作用；有的是与蜜蜂体壁相接触而产生的触杀作用；有的是通过蜜蜂气门进入其体内而产生的熏杀作用。

一旦农药进入成年蜂体内，就有可能出现几种作用方式。药物可能只侵害消化道，造成其麻痹或肌肉上的毒害，使成年蜂无法获取所需的营养，腹部膨胀，脱水死亡。更为常见的是，农药以各种途径侵害蜜蜂的神经系统，以致蜜蜂的足、翅、消化道等失去功能而死亡。

关于农药对蜜蜂毒性作用，Atkin 对 399 种农药进行研究认为，农药对蜜蜂的毒性可分为：高毒的（表 9－1）、中等毒性的（表 9－2）和对蜜蜂相对无害的（表 9－3）。农药对蜜蜂的毒性大多是根据室内和田间测定的致死中量来确定的。

二、典型的农药中毒症状

根据不同类型的农药，蜜蜂中毒后会呈现以下不同症状。

1. 有机磷农药

一六〇五、甲基一六〇五、乐果、二溴磷、速灭磷、敌敌畏、久效磷、马拉硫磷、甲拌磷、磷胺、特普、毒死蜱，等等。典型症状：一般有呕吐，不能定向行动，烦躁不安，有许多蜜蜂留在箱内直到麻痹死亡。蜜蜂腹部膨胀，绕圈打转，双翅相连张开竖起。

2. 氯化氢烃类农药

艾氏剂、氯丹、滴滴涕、狄氏剂、异狄氏剂、七氯、毒杀芬，等等。典型症状：行动反常，震颤，好像麻痹一样拖着后腿，双翅相连张开竖起。有许多蜜蜂虽有以上症状，仍能飞出巢外，因而大多数中毒蜜蜂不仅会死在箱内，也会死在采集点与蜂箱之间。

3. 氨基甲酸酯类农药

西维因、虫螨威、灭害威、敌蝇威、自克威、灭多虫，等等。典型症状：爱寻衅蜇人，活动不规则，无法飞翔，昏迷，呈麻痹状死亡。多数蜜蜂死在蜂群内，蜂王停止产卵。

4. 二硝酚类农药

敌螨普、二硝甲酚、消螨酚、地乐酚，等等。典型症状：类似氯化氢烃类农药的中毒症状，并伴随像有机磷中毒那样，从消化道中呕吐一些物质。大部分中毒蜜蜂死在蜂群里。

表 9－1　实验室及田间测定的剧毒农药对蜜蜂的相对毒性

（LD_{50}＝0.001～1.99μg/蜂）

农　药	LD_{50}（μg/蜂）	农　药	LD_{50}（μg/蜂）
特普	0.001	杀螟松（杀螟硫磷）	0.383
毒死蜱	0.114	氨磺磷	0.417
狄氏剂	0.139	谷磺磷	0.423
虫螨威	0.160	二溴磷	0.480
一六〇五（对硫磷）	0.175	敌敌畏	0.495
乐果	0.188	七氯	0.526
杀扑磷	0.236	林丹（灵丹）	0.562
苯硫磷	0.245	马拉松（马拉硫磷）	0.709
甲基一六〇五	0.268	亚胺硫磷	1.06
涕灭威	0.285	高灭磷（杀虫灵）	1.20
百治磷	0.300	西维因	1.34
倍硫磷	0.308	残杀威	1.35
自克威	0.308	杀虫畏	1.37
久效磷	0.350	甲胺磷（杀螨灵）	1.37
丰索磷	0.350	磷胺（大灭虫）	1.46
艾氏剂	0.353	甲基三硫磷	1.46
速灭磷（磷君）	0.360	灭多虫	1.51
二嗪农（地亚农）	0.372	合杀威	1.66
灭虫威（来梭威）	0.375	砷化物、含砷制剂	1.78

表 9-2　实验室及田间测定的中等毒性农药对蜜蜂的相对毒性

(LD_{50} = 2.00 ~ 10.99μg/蜂)

农　药	LD_{50} (μg/蜂)	农　药	LD_{50} (μg/蜂)
异狄氏剂	2.02	乙拌磷	5.14
对溴磷	2.19	滴滴涕	5.95
丁烯磷	2.26	灭蚁灵	7.15
壤虫磷（毒壤磷）	2.33	硫丹	7.81
氯灭杀威	2.36	氯丹	8.80
一〇五九（内吸磷）	2.60	伏杀磷	8.94
嘧啶威（嘧啶兰）	2.95	三九一一（甲拌磷）	10.07
砜吸磷	3.00	Vydate R_2	10.32
三硫磷	4.47	伐虫脒（抗螨脒）	14.27
乙滴滴	4.47		

表 9-3　实验室及田间测定的相对无毒农药杀虫剂及杀螨剂农药

(LD_{50} ≥ 11.00μg/蜂)

丙烯除虫菊（丙烯菊酯）		除螨酯（分螨酯）	
苏云金杆菌	冰晶石（氟铝酸钠）	多羟病毒	甲氧滴滴涕
乐杀螨	二溴氯丙烷	灭蚜松	杀螨醚
克杀螨	开乐散（三氯杀螨醇）	氯化松节油	烟碱（尼古丁）
氯杀螨（氯杀）	消螨酚	灭螨猛	四硫特普
开　蓬	敌螨通（消螨通）	克螨特	除虫菊
杀虫脒 9g 死螨	敌杀磷（敌恶磷）	鱼藤酮	鱼尼汀
杀螟螨	乙硫磷（1240）	三氯杀螨砜（涕涕恩）	沙巴草
乙酯杀螨醇	毒杀芬	敌百虫	

5. 植物性农药

除虫菊、丙烯菊酯及合成除虫菊酯、烟碱、鱼藤酮、鱼尼汀、沙巴草，等等。典型症状：高毒性的合成除虫菊酯类可引起呕吐，同时出现不规则的行动；随即不能飞翔，昏迷，以后呈麻痹，垂死状，迅即死亡。中毒蜂常死于采集地区和蜂群之间。这类农药中的其他农药，在田间使用标准剂量时，对蜜蜂没有毒害。

6. 细菌性农药

如苏云金杆菌。这种细菌由于会产生一种毒蛋白，对某些昆虫有毒性，但对蜜蜂没有发现有毒性。

7. 昆虫病毒农药

多羟病毒及克虫毒等。这些病毒性农药至今也未发现对蜜蜂有毒性。

8. 昆虫激素及昆虫生长调节剂

蒙五一五、蒙五一二等，这类化学药物至今为止的实验，表明对蜜蜂成虫没有毒性。然而对蜜蜂卵、幼虫和蛹毒性如何目前尚不清楚。

总之，在任何蜂场，如果外界正值蜜粉源开花季节，蜂箱内外出现大量的死蜂，而且死蜂后足仍带有花粉团（图9－1、图9－2），可以怀疑蜜蜂农药中毒。再根据中毒蜜蜂呈现的症状，明确蜜蜂死于何种类型的农药中毒，采取相应的防治措施。此外，蜜蜂中毒除表现采集蜂大量死亡外，严重时，箱内幼虫也会中毒死亡。中毒幼虫常从巢房脱出，称为“跳子”。许多巢房的封盖会被咬开，内有许多死亡的蛹。蜂群的严重中毒常使箱内大量内勤蜂丧失，一部分蜜蜂蛹可能死于饥饿和缺乏照料。一般情况下，蜂王由于吃哺育蜂分泌的王浆则侥幸存在，可能会随蜂箱内剩余蜜蜂弃箱逃亡。

图9－1　发生农药中毒后的巢门和脾面情况

三、农药中毒对蜂蜜的影响

蜜蜂中毒后一般死在蜂箱外。如果蜜蜂载着毒花蜜飞回蜂群，由于箱内已有大量食物，可以防止箱内蜂蜜普遍受污染。回到箱内的中毒采集蜂，往

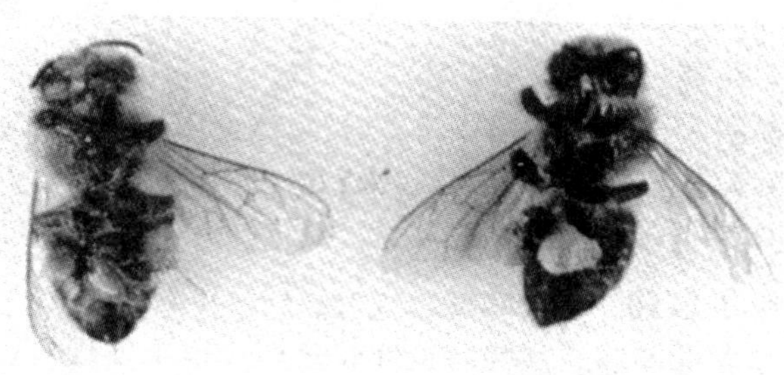

图 9－2　农药中毒的蜜蜂

往还没有卸下花蜜就会被驱赶出蜂箱。如果内勤蜂接受采集蜂的有毒花蜜后，在酿造加工过程中，有将有毒食料留在蜜胃里的趋势，并会被别的蜜蜂赶出箱外。守卫蜂也会阻止举止失常的蜂或带有讨厌气味而返巢的蜂进入箱内。

采集蜂也可能采集受农药污染的花粉，并将其带回箱内。如果这些采集蜂严重中毒，那么在采粉蜂未卸下花粉时就会被内勤蜂赶出箱外。如果污染的花粉已装进巢房，那么内勤蜂在利用花粉过程中会发生中毒。

蜜蜂的上述行为，防止了外来毒源对箱内蜂蜜和花粉的进一步污染。在箱内取出的蜂蜜和花粉中很少检验出外界施用的农药污染物，说明采集蜂的农药中毒不会影响箱内的蜂蜜质量。

四、蜜蜂农药中毒的防治

蜜蜂农药中毒的防治必须是种植者与养蜂者紧密合作，使授粉蜜蜂的损失减少到最低限度。在喷洒农药过程中应考虑以下的注意事项。

①制定必要的法规和条例，要求在使用有毒农药之前，使用者通知施药地点 3km 以内的蜂场，并提前 2d 让养蜂者搬迁蜂群，或采取其他有效保护蜜蜂方法。

②禁止在各种授粉作物开花期喷药，以保证蜜蜂授粉和正常采集。

③在花期前与花期后喷药具有同等效果的，应尽可能在花期后喷药。喷粉与喷雾均有效者，应尽可能采用喷雾方法。使用颗粒状的农药对蜜蜂最为安全。

④根据蜜源作物的丰盛度和对蜜蜂的吸引力，选择施药的时间。

一旦发生农药中毒，迁场是上策。若在温度较低的季节，或一时无法迁场的蜂群，可采用幽闭的方法。将巢门完全关闭，蜂箱用湿麻袋覆盖，尽量降低温度、光线，使蜂群保持安静，但幽闭的时间不能太长，只能3d左右，3d后要么开巢门，要么迁场。

第二节　植物中毒

蜜蜂植物中毒一般只局限于某些地区，对蜜蜂的危害相对于农药中毒小些。然而在某些情况下，某种植物的花蜜和花粉也会给蜂群带来严重损失。

在蜜蜂所采的无数植物中，对蜜蜂或其蜂儿有毒的种类只有少量。它们的危害严重性视环境条件的不同和其他无毒蜜粉源植物的竞争而有差异。有的植物表现为花蜜中毒，有的为花粉中毒，有的则是甘露中毒。

有毒植物对蜜蜂的毒害如果是花蜜的话，中毒症状往往在开花期出现，随花期的结束而消失；如果是花粉的话，症状可以一直拖延到巢脾的花粉用完为止。

植物中毒比起农药中毒较为渐进，时间拖得较长，通常每年在相同时期和地区会重复出现，危害程度不是每年都相同。当成年蜂中毒时，在箱门口，离蜂箱一段距离的地面和植物的周围会出现成堆的死蜂。新出房的幼蜂会出现麻痹状，无力地在地面爬行，翅膀扭弯、起皱，或者不能从它的腹部蜕下最后的蛹皮。

蜂儿受植物中毒后，从卵的孵化至幼蜂的出房时期内均可能发生死亡。死亡的幼虫不会呈现棕褐色或黑色。

蜂王有时也会发生植物中毒，受七叶树中毒后的蜂王所产的卵不会孵化，或孵化后的幼虫很快死亡。有时蜂王中毒后不会产卵，或只能产雄蜂卵，行为出现反常。蜂群由于蜂王的中毒死亡率相当高。

不同的有毒植物由于含有不同的毒素，对蜜蜂毒害症状可能是不同的。现将世界范围的有毒植物种类及典型症状介绍于下。

一、紫杉树

紫杉树叶片和浆果对哺乳动物有毒，含有一定量的有毒生物碱和昆虫蜕皮激素。蜜蜂采集紫杉树花粉会发生中毒死亡，肠内充满花粉。

二、欧洲冷杉

欧洲冷杉是蚜虫的取食地。蚜虫取食冷杉后会分泌一种蜜露。蜜蜂采集这种蜜露后会大量死于蜂箱前，体壁光滑发黑，活着的蜜蜂会出现独特的颤抖，种群数量骤降。当蜂群饲喂糖浆或搬离，可从中毒后恢复过来。

三、海韭菜

海韭菜生长于非洲、欧亚大陆和美洲的盐碱地，可产生一种生氰糖苷毒物。虽然没证据表明它同蜂群的损失的关系，但在美国仍被怀疑为重要的蜜蜂有毒植物。

四、郁金香

郁金香是一种普通庭园花卉，含有对蜜蜂有毒的甘露糖和半乳糖，采集郁金香花的蜜蜂会死于花上。

五、黎芦类植物

已知报道对蜜蜂有毒的黎芦植物有蒜黎芦、兴安黎芦、加州藜芦。它们含有几种糖原生物碱，具有杀虫特性和毒害蜜蜂的特性。黎芦花粉对幼蜂比对老蜂更敏感，常见成蜂粘在树上死亡，没有观察到幼虫发病。在有其他蜜源存在时，蜜蜂会放弃对黎芦的采集。

六、棋盘花

棋盘花含有类似于藜芦植物所含的生物碱，每年春天和初夏会造成大量成蜂死亡，这种植物的花蜜和花粉对蜜蜂都有毒性，但花蜜分泌较少。本地蜜蜂似乎对其毒性有相对免疫力。

七、栎树

栎树在土壤含有高浓度钙的条件下对蜜蜂有毒，采集蜂常死于树上。栎树叶上的蜜露会滋生于一种对蜜蜂有毒的真菌。对靠近栎树的蜂群进行糖汁饲喂，可防止蜜蜂的死亡。

八、乌头属植物

乌头属植物含有对哺乳动物毒性很高的乌头碱。蜜蜂取食花粉后 25min 会出现中毒，足麻痹，整个体躯痉挛，最后导致死亡，蜂王和雄蜂也会发生中毒。

九、毛茛属植物

毛茛属植物含有剧毒的原白头翁素。在春天植物开花对蜜蜂威胁较大，其花粉的毒性可维持3年之久。内勤蜂发生中毒后，在巢门口颤抖着无法飞行，足失去控制背朝下猛烈地旋转，很快瘫痪死亡。死蜂的腹部收缩呈弓形，四肢痉挛，翅膀张开。

十、黄芪类植物

黄芪类植物本身不断累积硒元素，造成对采集蜂的毒害。幼虫由于花蜜和花粉的作用繁殖缓慢。采集蜂中毒后常死于树上或坠落于蜂箱前，严重时，蜂王停卵，幼虫死亡。

十一、黄柏

黄柏果实、种子和树皮含有啊朴啡、原黄连素和一些生物碱。蜜蜂取食黄柏蜜露2～3d后死亡，用这种蜜露酿制而成的蜂蜜饲喂蜜蜂，7～10d发生蜂死亡。

十二、大戟属植物

大戟属植物包括银边翠和一品红等。其蜂蜜对人和蜜蜂有毒。人取食蜂蜜后喉咙有火烧感觉。蜜蜂取食其花粉和蜂蜜后蜂体麻痹，腹部蜷缩，翅膀张开。在踏板走动时，足由于无力只作曲线运动。饲喂花粉代用品能减少蜜蜂对有毒植物的采集。

十三、西里拉属植物

西里拉属植物生长于南美的沼泽地，使幼虫感染紫虫病，巢房死亡幼虫呈蓝色或紫色，这种病不是通过幼虫或花粉传递的，而是由巢内有毒蜂蜜造成的。严重时，蛹和新羽化的幼蜂也会死亡。这种植物的蜂蜜对人没有毒，对蜂蜜的毒素也不清楚。

十四、加州七叶树

加州七叶树是北美最有名的有毒植物，其花粉、花蜜、蜂蜜和树液均能引起蜜蜂中毒。用七叶树蜂蜜和花粉饲喂蜂群会造成蜜蜂缺足，失去翅膀和出现不正常行为。蜂王中毒后不产卵，或卵不孵化，幼虫死亡。有些外勤蜂油光发亮，身体痉挛，死蜂在蜂箱前成堆出现。加州七叶树的树液、花蜜和花粉内含有一种有毒的皂角苷，饲喂蜂群 3～4d 后即出现典型症状，6～17d 使笼蜂迅速死亡。

十五、椴树属植物

椴树属植物包括大叶欧椴、小叶欧椴和银椴。蜜蜂采集这类植物花粉偶尔会染上“杉毒病”，采集蚜虫危害后的蜜露会引起蜜蜂的死亡。中毒的蜜蜂失去飞翔力。身体蜷曲，行为异常，箱内蜜蜂呈麻痹状，树下常有成堆死蜂。有毒花蜜内含有半乳糖、甘露糖和蜜二糖，可造成笼蜂中毒。中毒症状不同气候条件和不同地区有差异，在干旱时或蜜蜂单独采集椴树植物时症状比较严重。因此，同种树在不同气候下可能是蜜源，也可能是养蜂业的灾难。

十六、山茶花

山茶花蜜含有蜜三糖，在台湾曾造成大量幼虫死亡。假如其花蜜与其他花蜜混合，据知对成蜂和幼虫不造成伤害。

十七、杜鹃花

杜鹃花对蜜蜂有毒的种类很多，花含有毒素。花蜜分泌较少，对蜜蜂引诱力不大，但采集蜂仍出现中毒症状。在花凋谢前从花芽上采集蜂胶的蜜蜂常出现成百以上的死亡。

十八、断肠草

断肠草可产生花粉，也可产生一些花蜜。蜜蜂采集其花粉后会瘫痪死亡，年幼内勤蜂比外勤蜂更敏感，幼虫没有出现中毒症状。人食用断肠草花蜜酿造的蜂蜜后，会发生中毒。

十九、马利筋属植物

马利筋属植物含有几种有毒的强心苷，对鸟类等动物有毒。有毒花粉令蜜蜂难以消化，外勤蜂采集后，腹部膨大，稍挤压腹部即可爆破。在中欧地区，有些马利筋属种类的花蜜含有高浓度的尼古丁，对蜜蜂有毒。

二十、菟丝子

这种植物对蜜蜂有毒，常常造成取食的蜜蜂的迅速死亡。在美国一些养蜂地区，蜜蜂采集干旱而凋谢的花时，损失率可达50%。

二十一、田野水苏

这种植物在英格兰和澳大利亚广泛分布，据知可使羊中毒。此外，其分泌的花蜜可使采集蜂神奇地死亡，中毒蜂的肠道内充满“泡沫”。在蜂群内，内勤蜂似乎感染最重。

二十二、曼陀罗

曼陀罗含有类似阿托品、天仙子胺、天仙子碱的毒素，对脊椎动物有剧毒。蜜蜂偶尔采集，其蜂蜜对人有毒。对蜜蜂毒害情况还不知晓。

二十三、天仙子

天仙子含有桨若碱、天仙子胺、天仙子碱和阿托品，蜜蜂采集天仙子后，成虫和幼虫均会死亡，蜂群严重衰落。

二十四、烟草

烟草含有能杀虫的尼古丁、去甲烟碱、新烟碱。采集烟草花的蜜蜂，其种群会下降，足、体躯及翅膀都会被粘住。

二十五、龙葵

龙葵广泛分布于全世界，可使牲畜和家禽中毒。龙葵有花粉却很少有花蜜。含有由一种糖类和茄啶组成的茄碱毒素，采集蜂常死于这种植物下。

二十六、毛地黄

毛地黄含有大约12种强心苷。在广泛栽培毛地黄地方，其花粉会使蜜蜂中毒。种子提取物毛地黄皂苷放在糖浆内喂给蜜蜂会产生强烈的毒性，只用0.05%提取物饲喂蜂群，3～4h后部分蜜蜂出现瘫痪。

二十七、茶树

茶树普遍种植于我国南方各省，冬季开花，花粉橙色，无毒；茶花蜜含有较高的多糖成分，对蜜蜂幼虫有较高毒性。在茶树开花后期会引起幼虫大量腐烂，成蜂一般不表现症状。在干旱年景中毒严重。

二十八、枣树

枣树栽培于我国华北地区，每年5～6月开花，花期约1个月。在干旱年景，采集蜂发生枣花病，损失可达半数以上，枣花蜜含有生物碱类物质，会使成蜂中毒。初期腹部膨大，飞翔能力逐渐丧失，坠落于蜂箱附近作跃式爬行，腹部不停地抽搐，死后双翅张开，腹部钩缩，吻伸吐，高温干燥，病害更为严重。

二十九、大藜芦

大藜芦是一种野生多年生草本植物，多分布于我国黑龙江省和吉林省的东部和北部山区，开花期6～7月，花粉含有黎芦碱，会使采集蜂取食花粉后2h出现抽搐，翻滚，腹部膨大，无力飞行，爬出巢门痉挛而死。

三十、油茶

油茶是一种木本油料植物，广泛分布我国长江流域各省和福建省等地。冬季开花，流蜜量大，白而浓稠。蜜蜂采集花蜜后引起腹胀中毒，不能飞行，在巢口爬行，无抽搐和痉挛等现象。

三十一、松柏类植物

松柏类植物本身不会产生有毒的花粉或花蜜。由于大量蚜虫和介壳虫寄生的缘故，蜜蜂会采集大量由寄生昆虫分泌出的糖汁液，这种甘露蜜含有较多的矿物盐和糊精物质，蜜蜂难以消化而中毒死亡。严重时，蜂王和幼虫也会死亡。死亡工蜂腹胀，无力飞翔，中肠松缓，呈灰白色，内含物含有黑色絮状沉淀，后肠有黑色的粪便。

蜜蜂植物中毒一般只能迁场，没有好的解毒方法。

蜜蜂敌害及其防治

第一节　螟蛾类

一、大蜡螟

大蜡螟（*Galleria mellonella* L.）属鳞翅目，螟蛾科。

1. 分布与危害

大蜡螟属世界性害虫，几乎遍及全世界养蜂地区。它的分布主要受长期寒冷的限制。在高海拔寒冷地区，大蜡螟没有或很少发生。例如，美国的怀俄明州拉罗米地区，已经有近 40 年没有发生大蜡螟的天然危害了。而在东南亚热带与亚热带地区，大蜡螟危害相当严重。

大蜡螟是蜂产品最重要的害虫，每年都给全世界专业养蜂者造成严重的损失。

大蜡螟给我国养蜂业造成的损失，尚无准确估计。它们对中华蜜蜂危害尤其严重。大蜡螟只在幼虫期取食巢脾（图 10－1），危害蜂群封盖子，经常造成蜂群内的“白头蛹”（图 10－2），严重时封盖脾 80% 以上的面积出现“白头蛹”，勉强羽化的幼蜂也会因房底的丝线困在巢房内。另外，大蜡螟对贮存待用的巢脾破坏性极大，一旦在贮存时让大蜡螟侵入，一个冬季过后，全部巢脾往往被蛀食一空。

2. 形态特征

成虫雌蛾体大，平均重可达 169mg，体长 20mm 左右。下唇须向前延伸，使头部成钩状，前翅的前端 2/3 处呈均匀的黑色，后部 1/3 处有不规则的壳域或黑区，点缀黑色的条纹与参差的斑点，从背侧看，胸部与头部色淡。

图 10－1　被大蜡螟危害的巢脾

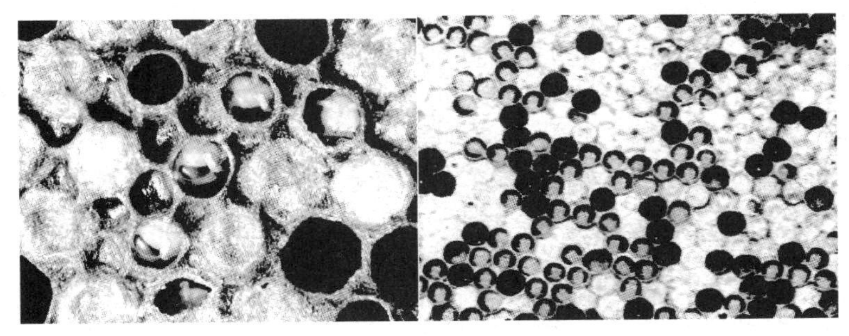

图 10－2　大蜡螟造成的“白头蛹”

雄蛾体较小，重量也较轻。体色比雌蛾淡，前翅顶端外缘有一明显的扇形区，颜色也相对较淡。雌雄蛾的大小和颜色，根据幼虫食料不同变化也很大。蜡质巢础培育出的二性蛾，颜色呈银白色，而以虫脾为食的蜡螟则呈褐色、深灰或黑色。若大蜡螟幼虫饲料不好或低温条件，培养出的大蜡螟的个体很小。

刚孵化的幼虫呈乳白色，稍大后，背腹面转成灰和深灰色。老熟幼虫体长可达 28mm，重量可达 240mg。

卵呈短卵圆形，长 0.3～0.4mm。表面不光滑。卵颜色初为粉红，后转化乳白，苍白，浅黄，最后变成黄褐色。卵块为单层，卵粒紧密排列。

蛹茧通常是裸露，白色的，但有些茧也会被黑色粪粒或蛀屑包裹。长达 12～20mm，直径 5～7mm。结茧初常在箱底和副盖（图 10－3）。

图 10－3　正在结茧的大蜡螟幼虫

3. 生活史和习性

大蜡螟的生活史为 2 个月左右，长的可达 6 个月之久。就周期较长的来说，休眠发生在前蛹期。在我国贵州、湖南和福建，室内以旧巢脾饲养，大蜡螟一年发生 3 代，且有世代重叠现象，在广州可发生 5 代。

羽化出来的雌蛾，一般经过 5h 以上才能交尾。最短可在羽化后 1.5h 即可交尾。交尾一般在夜间进行。成虫交尾可有 1～3 次，每次交尾历时几分钟，长可达 3h，交尾后雌蛾产卵器外露，夜间四处寻找产卵场所。

成蛾羽化后既不要食物也不要水分，多数在羽化后 4～10d 内才开始产卵。产卵期平均 3.4d。产卵量 600～900 粒，个别可产 1 800粒卵。产卵位置多在箱壁缝隙中。

雌蛾寿命在 3～15d，在 30～32℃条件下，多数交尾过的雌蛾会在 7d 内死亡。35℃下，寿命可达 10d。温度较低，雌蛾寿命会延长。在 40℃时，雌蛾寿命平均 3.8d，20℃下平均 9.6d。雄蛾寿命较短，平均约为 5.5d。

卵在较高气温（29～35℃）下发育快，卵产下 3～5d，即开始孵化。在 18℃下卵的孵化期可延至 30d。将卵短期暴露在极端温度下（46.1℃以上 70min，0℃以下 270min）会引起卵全部死亡。

湿度对卵的孵化影响也很大。相对湿度在 25%～35%时，有 1/3 的卵不能孵化。高湿环境比低湿环境有利卵的孵化，使卵期缩短 1～2d，死亡率下降 14%。但是，湿度高于 94%，卵易发霉；低于 50%时卵易干枯，最适湿度为 60%～85%。

幼虫期在 45～63d，初孵幼虫有蚕食卵壳或怕光的习性。幼龄幼虫会先取食蜂蜜和花粉，随后会从巢房壁外部钻进花粉内，逐渐向巢脾中部延伸隧道，在那里继续取食，长大，免受工蜂的清除。

幼虫发育最低温度为18℃，最适温度30～35℃，相对湿度80%有利于幼虫发育，历期缩短17d。相对湿度10%时，初孵幼虫2d后全部死亡；湿度在20%时，25%的幼虫会死亡。初孵幼虫活泼，爬行迅速，2龄以后的幼虫活动性明显减弱。1龄幼虫体小，不易被工蜂清除，上脾可高达90%。幼虫期一般6～8龄。1～2龄食量小，对蜂儿影响不大。3～4龄食量大，钻蛀隧道，是造成白头蛹的主要虫期，5～6龄幼虫个体大，在脾上取食，易被工蜂咬落箱底，不再上脾。

在蜂群内，大蜡螟幼虫的生长速率是极其惊人的。如果食料与温度条件适宜，幼虫在孵化后第一个10d内，体重每天就会有成倍增长，在孵化后第18d或第19d开始结茧。这样快的生长速率说明，一旦蜂群由于中毒或其他原因造成群势严重削弱，蜂群内的所有巢脾即可在10～15d内被幼虫毁坏。由于幼虫迅速生长的结果，大蜡螟幼虫会产生大量的新陈代谢热量，在幼虫聚集体的中心，温度可达25℃的温度。尽管在最适条件下大蜡螟幼虫生长很快，然而即使在食物间断供应或连续取食劣质食物的情况下，它们也能生存下来。不过，大蜡螟整个生活周期大大延长，从卵至成虫历时6个月以上，而且成蛾也不断变小。

发育中的幼虫实际上取食蜂群里的所有蜂产品，特别嗜好黑色巢脾。如果大蜡螟幼虫缺少食料，蜜蜂幼虫也将受其危害。在温暖季节，许多幼虫常在蜡柱、蜂箱底板的花粉和蜡屑中生长。但在经加工的蜂蜡，如巢础或巢蜜上的新蜡，幼虫无法完成生活史。

拥挤与缺食常会造成大蜡螟幼虫取食同类，成为肉食性。大幼虫会取食小幼虫、预蛹和蛹。

最后一龄幼虫结茧前会停止取食，找适宜的场所吐丝作茧，通常老熟幼虫会钻入巢框或箱底裂缝处聚集结茧化蛹。少则几十，多则成百，茧呈圆柱形（图10－4）。

前蛹期的幼虫体显著缩小，体色加深，由浅黄色－浅褐色－褐色－深褐色。蛹多数在傍晚5点后羽化，30℃时蛹历期最短。越冬虫期通常为老熟幼虫或前蛹阶段。

4. 发生与环境的关系

（1）与温度的关系　大蜡螟的发生与外界温度有很大关系。卵和幼虫

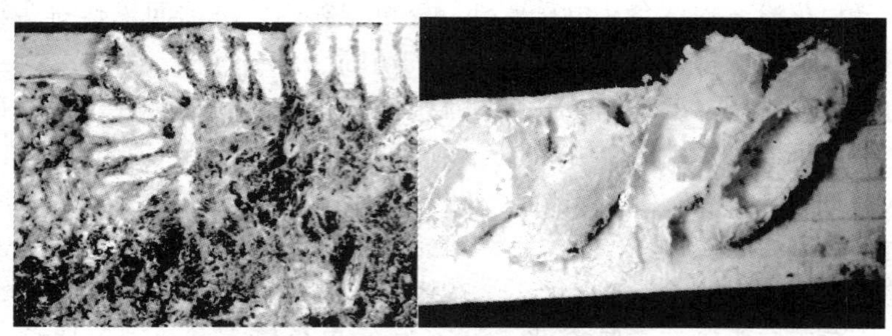

图 10－4　大蜡螟的茧

的发育需要较高的温度（30～35℃），过低或过高的温度都会使大蜡螟生长缓慢，甚至死亡。

（2）与食料的关系　纯蜡和新脾对大蜡螟幼虫发育不适宜，会造成幼虫发育中断，成虫个体变小，产卵量下降。中蜂群常更换老脾，对抑制大蜡螟的发生有重要作用。

（3）与群势的关系　由于蜂群饥饿、疾病，蜂王衰老，无王，以及农药中毒造成工蜂数量剧减，从而造成群势下降，使得蜂群无力保护暴露巢脾和驱逐侵袭的大蜡螟幼虫。不同蜂种繁殖率不同，群势相差较大，对大蜡螟的抵抗力也有差异。例如，中蜂群势小，无力保护巢脾免受危害，常通过不断撕咬巢脾和去除蜡螟幼虫来抵抗大蜡螟的危害。

（4）与天敌的关系　大蜡螟的自然天敌种类很多，包括病毒、细菌、原生动物和昆虫类。已知大蜡螟重要的天敌有苏云金芽孢杆菌（*Bacillus thuringiensis* Benner）、核型多角体病毒、线虫、蜡螟绒茧蜂（*Apanteles gallenae* Wilrlnson）、麦蛾绒茧蜂（*Bracon hebetor* Sny）、蜡螟大腿小蜂（*Brachymoria* spp.）、红火蚁（*Solenopsis invicta*）和大头蚁（*Pheidole megacephala* Fabricius）。

5. 防治措施

在西方蜜蜂中危害轻，在东方蜜蜂（中华蜜蜂）中造成“白头蛹”。因为蜜蜂也是昆虫，杀死蜡螟的杀虫剂同样能造成蜜蜂死亡，甚至蜜蜂对杀虫剂比蜡螟更敏感，所以蜂箱内不宜使用杀虫剂。可以利用蜡螟的生活习性来控制蜡螟对中华蜜蜂的危害。主要采取的防治要点：“新”，即使用新脾，在适合造脾的时节，给蜂群加础造脾，淘汰旧脾，因为蜡螟在新脾上不能正常生活；“清”，中华蜜蜂喜好咬脾，特别是旧脾，使得蜂箱底部蜡渣堆积，招引蜡螟产卵繁殖，要及时清除箱底蜡渣；“强”，饲养强群，提高蜂群护脾能力。

对贮存的巢脾，防止蜡螟危害的方法：采用硫黄熏蒸的方法。巢脾数量多时，可寻找一可密封的小房间，将巢脾顺序挂在架子上，按巢脾消毒的方法进行熏蒸，但熏蒸后仍密封于室内，待使用前取出通风。若巢脾数量少，可用蜂箱替代，一个底箱，加数个继箱，在继箱中放好巢脾后，在底箱燃烧硫黄，用硫黄烟熏蒸。

注意事项：硫黄为易燃物，使用时注意防火，待硫黄燃尽后方可离开；熏蒸时，要注意密封，应将所有缝隙用纸条密封，防止熏蒸后蜡螟幼虫爬入。

二、小蜡螟

小蜡螟（*Achroia grisella* Fabricius）属鳞翅目，螟蛾科。

1. 分布与危害

小蜡螟只零星分布于全世界温带与热带地区，在美国多数地区也出现小蜡螟危害。小蜡螟对蜜蜂危害不如大蜡螟严重，但也会毁坏未加保存好的巢脾。

实验表明：在蜂群内小蜡螟偶尔也上脾蛀食蜡质，主要是在蜂箱内蜡屑中或仓库贮脾箱内危害。通常伴随大蜡螟一起共同危害蜂群和蜜蜂产品。

2. 形态特征

成虫雌蛾体呈银灰色，除头部外，体躯具有深灰色鳞片。体长 10 ~ 13mm，触角褐色丝状，长近蛾体一半。头部披满浅褐色的长鳞片。复眼近球形，呈浅蓝色至深蓝色。下唇须粗短前伸。雄蛾体长 8 ~ 11mm。体色比雌蛾略浅，触角也长过蛾体一半。下唇须细小上曲（图 10 – 5）。

卵水白色，卵圆形，长 0. 39mm，宽 0. 28mm。卵外无保护物。卵块单层，常有数十粒至百余粒（图 10 – 6）。

幼虫体长随龄期的大小而不同。初龄幼虫水白色，长 1 ~ 1. 3mm；老龄幼虫蜡黄色，体长 13 ~ 18mm。前胸背板为棕褐色，除前胸气门和第 8 腹节气门较大并呈椭圆形外，其余腹部的气门边沿均为黑褐色（图 10 – 6）。

茧和蛹茧长 11 ~ 20mm，宽 3. 2 ~ 4. 8mm，长椭圆形。丝茧白色，常见

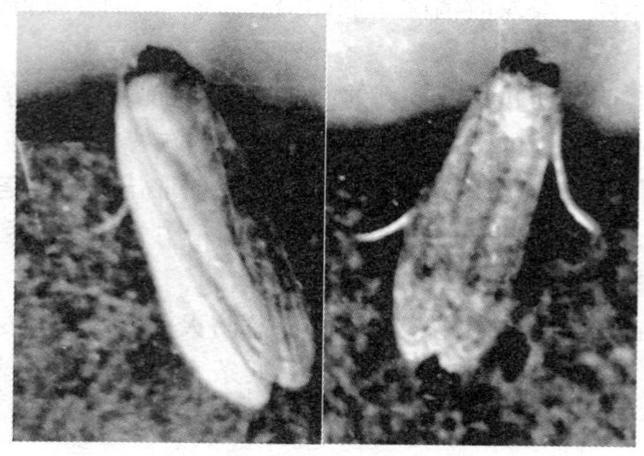

图 10－5　小蜡螟成虫（左：雌；右：雄）

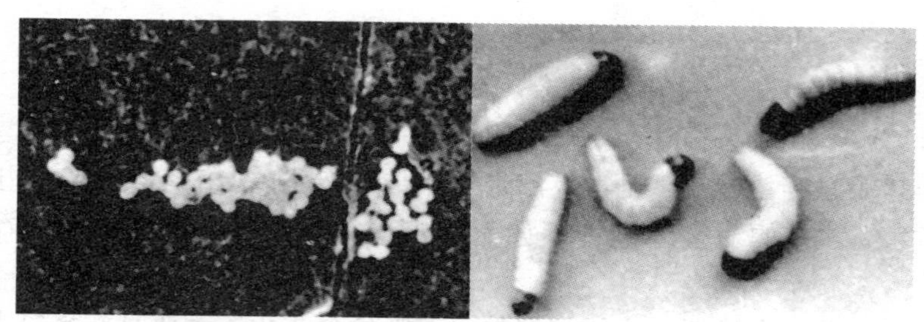

图 10－6　小蜡螟的卵（左）和幼虫（右）

其表面有粪粒。蛹纺锤形，腹面褐色，背面深褐色，背中线隆起呈屋脊状，二侧布满角质状凸起。腹部末端具有 8～12 个较大的角质化凸起。雌蛹长 8～12mm，宽 2.3～3.1mm；雄蛹长 7～10mm，宽 2.2～2.8mm（图 10－7）。

3. 生活史及习性

小蜡螟在福建一年可发生 4～5 代，每代历时 2～2.5 个月。每年 3 月初越冬代幼虫开始羽化，11 月底至 12 月初进入越冬休眠阶段。一般雌蛾蛹期 7～9d，雄蛾蛹期略短 1 天左右。小蜡螟的羽化主要在下午，尤其以 16:00～20:00 为羽化高峰，午夜后至次日午前一般不羽化。羽化后的雌蛾，一般经过 2～3h 即可交尾，最早只经半小时左右。

雌雄蛾交尾一般在 17:00 至次日 4:00，以 19:00～23:00 为交配高峰。

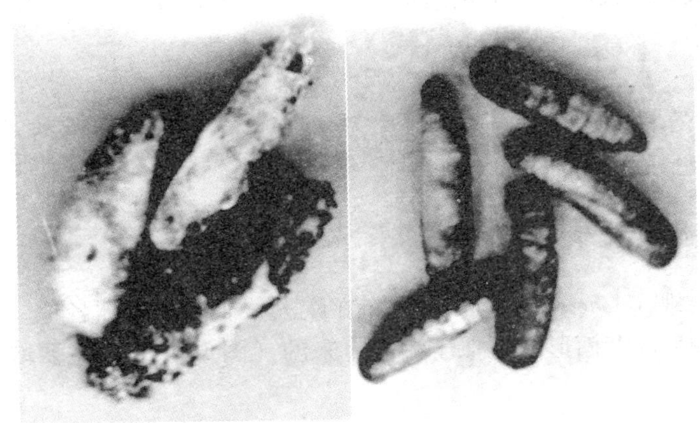

图 10－7　小蜡螟的茧（左）和蛹（右）

交尾一般仅为 10～15min，在正常情况下，雌蛾一生只交尾一次，个别雌蛾有多次交尾现象。

交尾成功的雌蛾，往往都在当晚开始产卵，最快可在交尾后 1 个多小时开始产卵。

雌蛾一生可产卵 3～5 次，以第一次产卵量居多，通常为 200～400 粒，雌蛾一生产卵量在 278～819 粒。

雌蛾寿命 4～11d，平均 6d；雄蛾 6～31d，平均 14.8d，约为雌蛾 2 倍。

未交尾的雌蛾寿命有延长的现象。相对大蜡螟，小蜡螟个小体轻，体重只有大蜡螟的 1/10～1/6。在有新鲜花粉的黑色巢脾上饲养的小蜡螟，成雄蛾只有 11.3mg，雌蛾 20.3mg。蜂群内的小蜡螟，其性别比接近 1∶1，有时雄性会略多于雌性。

初产的卵为水白色，2～3d 后转成淡黄色。孵化时，卵壳内的幼虫先将卵壳咬破成不整齐的圆孔，然后伸出头部，蚕食卵壳而出。小蜡螟卵期 4d。孵化后幼虫即在蜂箱底板的蜡屑中生活，以后爬上巢脾危害粉脾和子脾。不同日龄的幼虫，其食量差异较大。1～2 日龄的幼虫食量微小，5 日龄以上的幼虫食量大增，占其一生总食量 88% 以上。幼虫的发育历期受外界气温与食料质量的影响，气温高，可缩短幼虫历期；深色巢脾，幼虫期短，新巢脾和蜂蜡，发育迟滞，世代数减少。幼虫发育时喜居有蛀屑覆盖的丝裹隧洞内独自生活，不像大蜡螟幼虫喜欢群居。小蜡螟越冬多在保温物与箱底间或隔板间以及箱内各角落，以老熟幼虫越冬，极少以前蛹或其他虫期越冬。

某些大蜡螟天敌，包括核角体病毒、茧蜂（*Apanteles galleriae*）也会感染或寄生小蜡螟。

4. 防治措施

参阅大蜡螟的防治。

三、骷髅天蛾

骷髅天蛾（*Acherontia* spp.）分布在欧洲、非洲和亚洲各地。它的名称是依据其胸部的背面形状类似于骷髅得来的（图 10－8）。主要取食花蜜和蜂蜜。

图 10－8　骷髅天蛾

小骷髅天蛾（*Acherontia atropos*），具深灰色前翅和黄色后翅，后翅顶端处有 2 条深黑带状物。这种蛾可通过挤压咽喉的气体产生哨音。尽管成蛾主要取食树干伤口的汁液，但它们仍会飞至蜂箱掠取花蜜和蜂蜜，每一次可盗取约 1 汤匙的蜂蜜。夜间袭击蜂群可导致蜜蜂骚动直至白天，偶尔也有蛾尸体出现在蜂箱内。

分布在我国广东、广西壮族自治区、福建和台湾等省区的骷髅天蛾为芝麻天蛾（*Acherontia styx*），又称蜂虎。其幼虫主要危害芝麻，只有成虫期才侵害蜜蜂。

成蛾体大，体长 46mm，宽 15mm，翅展 98～120mm，胸背有两个眼点，形如“骷髅”头。腹背正中灰蓝色，两旁土黄色，各节后缘具黑带，腹面黄色。前翅翅面布满黑色和灰白色细点以及粗大黑色斑纹，并呈现有天蛾绒光彩。翅中室具有一灰白黑点，室外有浓黑曲折横线。

1年发生2代，以蛹在土室内越冬。每年5月越冬蛹开始羽化，6月下旬产卵，8月2代成蛾羽化。因此，危害蜜蜂季节是在每年初夏的5～6月和初秋的8月。成蛾夜间活动，入巢觅食蜂蜜。虽不伤害蜜蜂，但可引起蜜蜂骚动不安。

防治骷髅天蛾较为简单。在其成蛾高峰期，场址尽可能避免在芝麻地附近。弱群和繁殖群根据扇风情况，可考虑遮护巢门或缩小巢门，在蜂箱巢门口安装限制器避免骷髅天蛾侵入。严重季节，夜间可用捕虫网守候捕杀。

四、其他螟蛾

1. 干果蛾（*Vitula edmandsae*）

干果蛾分布于美国整个落基山脉附近各州和加拿大西部。目前，已进入欧洲大陆。在美国西部，就对贮存的巢脾危害来说，干果蛾的重要性仅次于大蜡螟。

干果蛾体灰，具斑纹，长约20mm，可被黑光灯所吸引。在夏季蛾的生活周期约88d，以幼虫越冬。幼虫白或浅红，长约15mm。除取食多种干果外，还常取食未受保护的贮存巢脾上的花粉和蜂蜜。取食时会延着巢房壁不断钻洞，偶尔幼虫也会在有蜂存在的巢脾上取食花粉和蜂蜜。干果蛾幼虫危害的明显症状会在巢脾面上形成一团密密的丝网。据报道，干果蛾还可出现在熊蜂、木蜂和首精切叶蜂的蜂巢内，但无充分证据表明干果蛾取食蜂蜡。

2. 熊蜂蜡螟（*Aphomia sociella*）

熊蜂蜡螟是发生在欧洲和亚洲地区一种较少见的蜜蜂虫害。在一些欧洲国家，它常出现在各种熊蜂的蜂巢中。

熊蜂蜡螟体重比小蜡螟稍重一些，体色和前翅均为红褐色。雌蛾在每一前翅上有一明显的黑点，老熟幼虫体色淡黄，体长可达22～30mm。幼虫的危害，有如大蜡螟和小蜡螟幼虫一样，在取食中会造成许多丝状隧道。据报道，这种幼虫会轻易吃掉贮存在熊蜂蜂巢里的巢房内幼虫（卵、幼虫和蛹）和花粉与蜜，也会造成熊蜂弃巢。

3. 印度谷蛾（*Plodia interpunctella*）

印度谷蛾是谷物产品最可怕的害虫之一。此外，它还可取食未受保护的花粉，对商业上花粉的储存有极大的威胁。这种蛾分布在欧洲和世界各地，常出现在切叶蜂和熊蜂的蜂巢内。

印度谷蛾体小，体长可达9mm。前翅基部为灰色，剩余一半至2/3的区域以及头躯和胸部为红褐色并带有黑点，使蛾外表有如一条带子。蛾静止时会将翅并拢在体躯线上。

老熟幼虫头躯褐色，体长平均13mm左右。幼虫体色有时也会成为粉红或绿色。在温暖的气候地区，印度谷蛾会在巢脾的花粉、虫苞或死虫上发育，也可在有成堆的死蜂巢脾上发育或死尸的残屑上生长。它在巢脾上会建造疏松且脆弱的丝网，但不会取食巢脾上的蜂蜡或加工过的蜂蜡。幼虫生活周期4～6星期。

4. 地中海粉蛾（*Anagasta ruchniella*）

地中海粉蛾也是谷物产品一种重要害虫，基本上分布世界各地。它可危害含有花粉的贮存蜜脾，但无法在空脾或昆虫死尸上生长。偶尔会出现在熊蜂的蜂巢里。

地中海粉蛾长6～13mm，在前翅上有2个黑色曲线纹。幼虫孵化后可吐丝做柔软隧道并在内取食和生存。老熟幼虫可在食物和丝网内以及蜂箱裂缝处建造脆弱的虫茧。

第二节　蝇　类

蝇类包括危害蜜蜂的许多种类。食虫虻科（Asilidae）中的食虫虻是成蜂的捕食者；蜂虱是蜜蜂体外寄生虫。体内寄生虫包括某些眼蝇科、寄蝇科和麻蝇科的幼虫。某些蚤蝇科幼虫会取食蜜蜂幼虫。果蝇科、蚤蝇科和麻蝇科都包含一些腐生性种类，其幼虫可取食死蜂以及其他死的生物体，有些腐生种类被不正确地指定为寄生虫。尽管蜜蜂几种双翅目害虫在正常分布区仅是蜜蜂的次要虫害，但它们具有在新地区成为主要虫害的潜在性。

一、食虫虻科

1. 分布与危害

食虫虻在世界上约有5 000种，捕食包括蜜蜂在内的许多种昆虫。在北美地区，食虫虻捕食蜜蜂相当普遍，主要有 *Promachus fitchii* 等多种食虫虻，它们在美国许多州被称为蜜蜂的杀手。

2. 形态特征

食虫虻体大，长30mm左右。全身呈灰色或黑色，并夹有白色斑点，腹部细长，有白色环纹。多种食虫虻具有蜜蜂的拟态，使其更易接近蜜蜂。

3. 生活习性

食虫虻广泛分布于田间或旷野，也经常逗留在蜂场附近，伺机捕捉蜜蜂。在捕食对象中，许多食虫虻表现出对蜜蜂的偏爱。当它们追上蜜蜂时，便猛扑上去，抱住蜜蜂，并用口器刺入蜜蜂颈膜，吸取血淋巴，使蜜蜂死亡。

防治方法可采用在蜂箱盖上摆放白色水盆，诱使食虫虻停落，溺死。

二、蜂虱蝇科

1. 分布与危害

本科（Braulidae）中蜂虱并不是真正虱子，而是一种高度特化的无翅蝇。*Braula* 属据知有5个种和2个亚种。*Braula coeca coeca* Nitzsch 分布在欧洲、非洲、澳大利亚和美国；*Braula coeca angulata* Orosi 广泛分布在南非的纳塔耳、津巴布韦的罗德西亚南部和意大利；*Braula schmitzi* Orosi 分布于亚洲、欧洲和南美；*Braula orientalis* Orosi 分布于俄罗斯、土耳其、阿拉伯国家和以色列；*Braula pretoriensis* Orosi 则分布于南非、坦桑尼亚和刚果等；*Braula kohli* Schmitz 分布于刚果。蜂虱在我国尚未发现，为检疫性虫害。

蜂虱常栖息于工蜂和蜂王的头部，胸部和腹背的绒毛处（图10－9）。它们并不吸取蜜蜂的血淋巴，只是分尝工蜂和蜂王的饲料，从而导致群势削弱和采集力下降，严重时，也可造成蜂群死亡。

2. 形态特征

成虫体长1.5mm，宽1mm。体红褐色，具有稠密的黑色绒毛。无平衡棒和翅，触角和眼退化。胸部合并，爪有特化。幼虫椭圆形，乳白色，行动活泼。卵椭圆形，乳白色，长0.77mm，宽0.37mm（图10－10）。

3. 生活史与习性

雌性蜂虱产卵于蜜房封盖的内面或外面，并不侵入幼虫房，有时也产在

图 10－9　栖息于工蜂（左）和蜂王（右）头部的蜂虱

图 10－10　蜂虱成虫

房壁、蜡屑以及蜂箱的缝隙中。幼虫孵出后，就在蜡盖下将蜡咬碎形成一隧道。隧道可穿过几个巢房，前端很小，但随幼虫生长逐渐扩大，不断取食蜂粮和蜂蜜。当幼虫充分发育后，就在隧道一端化蛹。成虫羽化后，会从隧道钻出巢脾表面，用梳状的爪抓住蜂体并常聚集在蜂王体上。当蜂王接受饲喂时，蜂虱常从蜂体胸腹爬向头部，在张开的上颚和下唇旁获取食物，或在蜜蜂中唇舌腔底获取涎腺分泌物。据报道，蜂虱生活周期为 16～23d。

4. 传播途径

蜂虱在蜂群间的传播，主要是通过蜜蜂间相互接触传染，如盗蜂、迷巢蜂以及随意调换巢脾等。而蜂虱的远距离传播，则主要通过蜂群、蜂王的出售以及蜂群的转地饲养等。

5. 防治措施

蜂虱可用熏蒸的方法防治，如用烟叶燃烧的烟熏蒸，也可用甲酸熏蒸。具体防治方法可参考武氏蜂盾螨的防治方法。

三、眼蝇科

眼蝇科（Conpidae）的幼虫是独居的，为蜜蜂和胡蜂的内寄生虫。许多种类具有拟态，外形接近于黄蜂。全世界已知有约500种的眼蝇，在北美有眼蝇科9个属约70种。在我国，危害蜜蜂是眼蝇科的圆头蝇（*Physocephalus vittata*）。成虫的头部和胸部膨大，腹部中间缩小，末端粗大，并有一粗大的钳；椽细长，中部略弯曲。

圆头蝇的卵产于蜜蜂和胡蜂体上。当蜜蜂飞行时，雌圆头蝇就猛扑上去，贴在蜜蜂体上，一刹那间就在蜜蜂的气门附近产下一卵。卵为长圆形，一端具有棘和赘瘤。卵孵化后，幼虫就进入蜜蜂体内，并固定在气管或气囊的地方，开始以蜜蜂的体液为食，以后进而贪婪地吃光所有内含物，只剩下一个几丁质外壳。受感染的蜜蜂，在圆头蝇幼虫达到2日龄前就死亡。当蜜蜂死亡后，幼虫就在蜂尸体内化蛹，以后成虫就从死蜂体内羽化出来。

无法防治。

四、寄生蝇科

寄生蝇科（Tachinidae）是蝇类一大科，全世界已知有8 000种左右。幼虫是多种昆虫和一些其他节肢动物的内寄生虫。与蜜蜂有关的寄生蝇有 *Rondanioestrus apivorus* 和 *Myapis augellozi* 二种，其中以前者较为常见。

Rondanioestrus apivorus 已知分布在南非、乌干达等地，雌蝇会在蜂箱前盘旋飞翔，在蜜蜂进巢时将幼虫产在蜜蜂体上。幼虫通过节间膜进入蜜蜂腹腔。在4星期内，幼虫会占据整个寄主腹部。蜜蜂死后，老熟幼虫离开寄主，在地上化蛹，经历10d后成蝇羽化出来。

无法防治。

五、麻蝇科

1. 分布与危害

蜜蜂的肉蝇病是由麻蝇科（Sarcaphagidae）中的肉蝇（*Senotainia tricus-*

pis Meigen）引起的。它广泛分布于整个中欧和南欧地区、前苏联的乌克兰地区、法国、阿尔及利亚、突尼斯和澳大利亚以及南部非洲。在我国的新疆和东北等局部地区也有发生。

肉蝇多发生于6～9月，而以8月发生最严重。危害结果使蜜蜂失去飞翔能力，表现麻痹的症状，并在蜂箱前爬行。死亡多为青壮年蜂和采集蜂，危害严重的地区，如前苏联乌克兰，蜂群损失可达70%～80%，每群每天常有数百只蜜蜂死亡，严重影响蜂群的繁殖和采蜜。

2. 形态特征

成虫呈银灰色，体长6～8mm，其大小与普通家蝇相似。头部复眼之间夹有白色宽带，其上覆盖黄色的长毛，腹部第二节背片边缘有2根长的刚毛，翅下有白色呈烧瓶状的平衡棒。触角黄色，第Ⅰ节比第Ⅱ节长2倍。幼虫刚孵化幼虫，体长0.7～0.8mm；发育中期的幼虫，体长可达2～5mm；老熟幼虫，体长可达11～15mm。

3. 生活史及习性

雌性肉蝇可危害出巢的蜜蜂。在有阳光时，危害较为严重。雌蝇可在蜜蜂头胸间的节间膜上产下数只幼虫，每6～10s就会重复在其他蜂上产幼虫。肉蝇具有很强繁殖力，每个雌蝇腹内可有700～800条幼虫。初产下幼虫会很快穿过蜜蜂的胸肌并发育成2日龄幼虫。2日龄幼虫就一起生存在活的蜂体上，取食蜜蜂的血淋巴。受侵染蜜蜂一般在2～4d后死亡，肉蝇幼虫开始取食坚硬组织，蜕皮变为3日龄。3日龄幼虫开始取食胸肌，后进入腹部，取食完腹部组织后，肉蝇幼虫通常从腹部节间膜处钻孔而出，转到土壤内化蛹。并以蛹越冬，幼虫发育期需要6～11d，蛹期7～12d，因而肉蝇完成一个生活史需要15～33d。

肉蝇危害蜜蜂时喜停落蜂箱大盖上，可在其上置粘蝇纸或之白色水盆，当肉蝇停落时溺死。

六、蚤蝇科

驼背蝇（*Phora incrassata* Meisen）是蚤蝇科（Phoridae）的一种，主要危害蜜蜂幼虫，严重时，可引起蜜蜂幼虫的成批死亡。驼背蝇体呈黑色，胸部大而隆起，个体较小，体长3～4mm。

驼背蝇常从巢门潜入箱内，在较老熟的幼虫体上产卵。卵为暗红色，大约经过 3h 后，孵化为幼虫。幼虫穿透蜜蜂幼虫的体壁，吸食体液。经过 6 ~ 7d 后，驼背蝇的幼虫就离开寄生尸体，咬破房盖，落到箱底，潜入脏物或土中化蛹。蛹期 12d 即羽化成虫。

蚤蝇科另外一种 *Psendohypocera kerteszi* 的幼虫在巴西公认是蜜蜂和野生蜂的寄生虫，它们也常取食死蜂为生。

饲养强群，以蜂护脾。

七、盗蝇

盗蝇会捕食蜜蜂。

第三节　胡　蜂

一、分布与危害

胡蜂科（Vespidae）中的胡蜂，俗称大黄蜂，不仅是我国蜜蜂的大敌害，也是世界养蜂业最主要敌害之一。早在罗马时期，人们就描述过胡蜂捕杀蜜蜂。胡蜂体大凶猛，可随意在野外或蜂巢前袭击蜜蜂。在某些情况下，胡蜂还可进入蜂箱（图 10 - 11），危害蜜蜂的幼虫和蛹。在捕食中，胡蜂只取食蜜蜂的胸部，咬掉其头部和腹部，带着蜜蜂的胸躯飞回自己蜂巢，用以哺育幼虫。

胡蜂在我国南方各省为夏、秋季蜜蜂的凶恶敌害。沿海地区 8 ~ 9 月危害严重，山区在 9 ~ 10 月最为猖獗。常年蜜蜂经越夏度秋，损失外勤蜂达 20% ~ 30%，严重年景，倾场受害，蜜蜂举群逃亡。

胡蜂属有 14 种和 19 个变种。在福建，捕杀蜜蜂的胡蜂主要有 6 ~ 8 种。常见的有金环胡蜂（*Vespa mandarinia* Smith），分布于中国、日本、法国和东南亚地区；黑盾胡蜂（*Vespa bicolor* Fabricius），分布于中国、越南、印度和法国；墨胸胡蜂（*Vespa velutina nigrithorax* Buysson），分布于中国、印度、锡金、印度尼西亚；基胡蜂（*Vespa basalis* Smith），分布于中国和东南亚各国；黑尾胡蜂（*Vespa ducalis* Smith），分布于中国、法国、日本、印度和尼泊尔；黄腰胡蜂（*Vespa affnis* L.），分布于中国与东南亚各国。其中以前三种捕杀蜜蜂最大。

图 10－11　侵入蜜蜂巢箱的胡蜂

二、形态特征

1. 金环胡蜂

成虫雌蜂体长 30～40mm。头部橘黄色至褐色，中胸背板黑褐色，腹部背腹板呈褐黄与褐色相间。上颚近三角形，橘黄色，端部处呈黑色。雄蜂体长约 34mm。体呈褐色，常有褐色斑（图 10－12）。

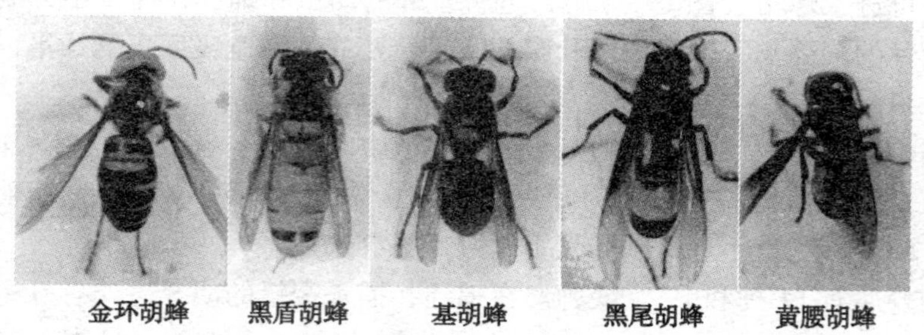

金环胡蜂　黑盾胡蜂　基胡蜂　黑尾胡蜂　黄腰胡蜂

图 10－12

2. 墨胸胡蜂

成虫雌蜂体长约 20mm，头部呈棕色，胸部均呈黑色，翅呈棕色，腹部 1～3 节背板均为黑色，5～6 节背板均呈暗棕色，上颚红棕色，端部齿呈黑色。雄蜂较小。

3. 黑盾胡蜂

成虫雌蜂体长约 21mm。头部呈鲜黄色，中胸背板呈黑色，其余呈黄色，翅为褐色，腹部背腹板呈黄色，并在其二侧均有一个褐色小斑。上颚鲜黄色，端部齿黑色。雄蜂体长 24mm，唇基部具有不明显凸起的 2 个齿。

4. 基胡蜂

成虫雌蜂体长 19 ~ 27mm。头部浅褐色。中胸背板黑色，小盾片褐色。腹部除第二节黄色外，其余均为黑色。上颚黑褐色，端部 4 个齿。

5. 黑尾胡蜂

成虫雌蜂体长 24 ~ 36mm。头部橘黄色。前胸与中胸背板均呈黑色，小盾片浅褐色。腹部第 1、2 节背板褐黄、第 3 ~ 6 节背腹板呈黑色。上颚褐色，粗壮近三角形，端部齿黑色。

6. 黄腰胡蜂

成虫雌蜂体长 20 ~ 25mm。头部深褐色。中胸背板黑色，小盾片深褐色。腹部除第 1 ~ 2 节背板黄色外，第 3 ~ 6 节背腹板均为黑色。上颚黑褐色。雄蜂体长 25mm，头胸黑褐色。

三、生物学特性

1. 生活史

我国闽南山区黑盾胡蜂一年可发生 5 ~ 6 代，闽东地区的墨胸胡蜂一年 4 ~ 5 代。由于种类不同或地区气候条件的差异，就是同一种类也由于越冬蜂王营巢产卵的始期差别较大，均可直接影响世代数的差异。

2. 生活习性

（1）群体组成　每群均由蜂王、工蜂和雄蜂组成。

蜂王：越冬后的蜂王经过一段时间活动和补充营养后，各自寻找相对向阳避风的场所营巢，边筑巢边产下第一代卵，还担负御敌捕猎食物，饲育第 1 代幼虫和羽化不久的工蜂等内外勤一切工作，它是这时巢内唯一的成年蜂。从第 2 代羽化后的雌蜂中少数个体与雄蜂交尾成功成为当年正常产卵的

首批新王，接着越冬蜂王被交替了。因此从第 2 代起，胡蜂就出现多王同巢产卵繁殖，最多可达几十只蜂王同巢产卵繁殖。其蜂王的卵巢管多为 12 ~ 16 条，仅为意大利蜜蜂蜂王卵巢管数的 1/25 左右。

雄蜂：墨胸胡蜂第 3 代就出现雄蜂 100 多只。它是第 2 代雌蜂中未经交尾受精的个体产卵繁育而来的，它们可与同巢或异巢的少数雌蜂交尾，亦可与同代或母一代雌蜂交尾，交尾后不久陆续死亡，而最后一代雄蜂数量多占总蜂数 1/6 ~ 1/5。可见，墨胸胡蜂一年中雄蜂至少发生 2 代以上。

工蜂：专司扩大蜂巢的建筑、饲喂、清巢、保温、捕猎食物、采集、御敌和护巢等内外勤活动。这些工蜂性情暴烈凶狠，螫针明显，排毒量大，有攻击力，第 1 代的成蜂全为担任内外勤工作的工蜂。第 2 代雌蜂中除少数交尾成功成新蜂王和个别个体未经交尾产雄性卵的雌蜂外，余下大部分是工蜂。

（2）群势　因种类不同有很大差异，最后一代的墨胸胡蜂三型蜂总蜂数有的可达 4 000 只以上，其成蜂数为同期基胡蜂 29 倍左右。而同一种类群势最大多出现在越冬代的前一代。

（3）营巢　最早 3 月中旬开始活动，4 月上旬单独觅寻屋檐下或避风向阳的小灌木、灌木枝干上第一次筑巢并开始产下第一代卵，这时蜂巢单脾悬挂，巢房口向下，巢房数仅 20 ~ 30 个。整个巢脾边缘开始有巢壳，但仍自然可见巢内蜂王逐房饲喂幼虫的情况，第 2 代出现第 2 片巢脾（有的还筑成第 3 片巢脾），总巢房数 100 ~ 150 个，这时巢脾已被巢壳所包裹，蜂巢呈球状，仅留直径约 2cm 的巢口出入。胡蜂一般都选在冬暖夏凉、温湿度适宜的场所营巢，不同种类选择营巢场所颇有差异。大型胡蜂常于地下掘洞筑巢，如黑尾胡蜂、金环胡蜂。小型胡蜂于高枝筑巢，如基胡蜂、墨胸胡蜂（图 10 – 13）。

（4）出勤　夏、秋两季胡蜂每天出勤通常都有明显的两个高峰，夏季 5:30 和 16:30前后，而秋季均推迟 1h 左右。

（5）食性　通过越冬代（12 月中旬）观察胡蜂采回的东西，可以辨认的多为昆虫类，它是杂食性的，但山区的蜜蜂为其主要捕食对象，特别在食物短缺季节，更集中捕杀蜜蜂。

据观察，在有东方蜜蜂和西方蜜蜂的蜂场里，胡蜂更偏向进攻西方蜜蜂。若有 2 种胡蜂存在，个体较大的胡蜂进攻西方蜜蜂；个体小的胡蜂则捕杀东方蜜蜂。

胡蜂捕杀蜜蜂有多种方式。金环胡蜂捕杀蜜蜂经历 3 个阶段；第一阶段

图 10－13　胡蜂巢

为“捕食阶段”，胡蜂每次捕猎一只蜜蜂，咬下其胸躯做成肉团；第二阶段为“屠杀阶段”，每个蜂箱受到几只胡蜂的同时进攻；第三阶段为“占据阶段”，20～30只胡蜂可将防御蜂咬杀，在数小时内，杀死5 000～25 000只蜜蜂。然后占据蜂箱，相当凶猛地守卫着蜂箱，将蜜蜂巢中的蛹虫和成蜂运回自己的巢穴，哺育后代。

（6）越冬　闽东、闽南黑盾胡蜂、墨胸胡蜂和基胡蜂越冬代交尾成功雌蜂均于1月中旬至2月初分批逐渐弃巢迁飞到暖和、气温较稳定又干燥避风的山村屋檐下、墙洞裂缝、腐蛀的树洞孔隙、蜜蜂土蜂箱盖下和墓洞裂缝等处，通常集结越冬，越冬期50～70d。

四、防治方法

胡蜂在南方山区危害严重，特别是夏秋季节。胡蜂性情凶暴，攻击性强，营巢地点隐蔽，防除较难。可根据胡蜂的生物学特性予以防除。

白天，先准备一个透明的玻璃瓶，瓶内置少量具熏蒸作用的农药粉剂（如林丹），在蜂场用捕虫网捕捉胡蜂，将被捉胡蜂引入药瓶中，盖上瓶盖，任其振翅3～5s，开盖，让胡蜂将药剂带回蜂巢，毒杀巢内胡蜂。一般一巢胡蜂有十余只带药回巢，即可毒杀整群胡蜂。所以在胡蜂危害季节，在蜂场连续数日处理，可使来犯胡蜂数量明显减少。注意，在药瓶中不宜让胡蜂振翅太久，否则，胡蜂接触药剂量太大，会死亡于回巢的路上，反而达不到让其将药剂带回蜂巢的目的。

若已知胡蜂巢的位置，又是人员容易达到的地方，可于天黑后，用红光

作为照明（可用红布包裹手电筒），将沾满敌敌畏的棉团，堵塞胡蜂巢口（巢口一般开口于面向开阔地带的一面），十余分钟后，巢内胡蜂将全被毒杀，然后铲去蜂巢即可。注意，操作过程中，不要触动巢壳，否则胡蜂会倾巢而出，有被蜇伤的危险；药棉不要塞进巢内，效果反而不如堵在巢口好。

五、其他膜翅目敌害

1. 蚁科（Formicidae）

（1）分布与危害　蚁类是一种分布广泛的昆虫。尽管其个体小，但它们的众多个体和习性使得它们成为最重要的无脊椎动物的捕食者。蚁类的多样性从温带到热带和亚热带地区逐渐加强。

Dorylinae 和 Ecitoninae 亚科的军蚁，遍布热带和较暖的温带地区。常以数万或数十万的群体进行采集，可取食蜂群的幼虫和蛹。蜜蜂一般无法抵挡军蚁的进攻。阿根廷蚁（*Iridomyrmex humilis*）分布于南非、美国和百慕大群岛等，是蜜蜂一种可怕的害虫。它可以持续数天进攻蜂群，直接摧毁强大蜂群。在欧洲和北美，*Formica integra* 和红木蚁（*Formica rufa*），会摧毁靠近蚁巢的蜂群。*Camponotus* 属的蚁主要危害蜂箱木质部分，导致蜂箱损坏。另外这种蚁还十分喜爱甜味，可危害贮存的巢蜜。在美国和印度，*Camponotus* 属的木工蚁或大黑蚁会杀死蜂箱内蜜蜂和咬掉木质蜂箱。另外在美国、印度、英国还有 10 多种蚁类，如丝蚁（*Zformica fusca*）、火蚁（*Solenosis geminata*）等也偶尔进入蜂巢寻找食物或建造巢穴，给蜂群管理造成很多麻烦。有人称之为蜜蜂世界的耗子。

（2）防治方法　拒避蚂蚁用特种木材（*Sassoffos albidum*）做蜂箱基板，可排斥蚂蚁。在蜂箱四周的支撑架上涂上沥青或加有滴滴涕的润滑油或在桩脚套上罐子，内置废机油，可以拒避蚁类侵入。使用自然驱避剂：Catnip、Tanzy 和黑绿桃胡叶和化学药剂：酒精、氟化钠、硼砂粉、粉状硫黄等。

在大量蚁类活动的地方，如山林，可用采用硼砂、白糖、蜂蜜的混合水溶液做毒饵施用于土壤上，可收到良好的诱杀效果。

2. 中华绒茧蜂（*Apanteles* sp.）

中华绒茧蜂属姬蜂总科，小茧蜂科，绒茧蜂属一类的寄生蜂，它主要寄生在中华蜜蜂的体内。1960 年首次在贵州发现，1973 年中蜂大量发病，危害区寄生率高达 20% 以上，严重削弱蜂群的群势和采集蜂的采集力。处于潮湿环境的蜂群，其被寄生率较高，常年均在10%左右。

成虫雌雄成虫体长3～3.5mm，雌成虫比雄虫略长，体黑色，复眼黑色，单眼三只凸起。触角线状，18节，黑褐色。足褐色，后足腔节末端有刺。产卵器较长，伸出时约为腹部长度的1/2；静止时，四翅平叠于体背。

蛹长约4mm，宽约1.5mm。初期体为浅黄色，触角黑色。茧白色，圆筒形，长约6mm，宽为2.5～2.7mm。

成蜂常栖息于箱内。不趋光，飞行呈摇摆状。寄生蜂常在蜜蜂腹节第2～3节的节间膜处产卵，产卵部位有一小黑点，卵多着生于蜜蜂体内的蜜囊和中肠附近，孵化后即在蜜蜂体内取食。幼虫期历时40d。老熟幼虫纵贯蜂腹，可占腹腔容积的1/3以上。后期老熟幼虫从蜜蜂的腹末破腹而出，约10min后，即可在蜂箱的裂缝、箱底隐蔽处吐丝作茧。中华绒茧蜂蛹期11～13d，以蛹在蜂群内越冬。中华绒茧蜂在贵州一年可发生3代。

蜜蜂的初期症状并不明显，随着绒茧蜂幼虫的发育长大，病蜂腹部逐渐的膨大，蜇刺功能衰退。病蜂开始离脾，足肢无力，头部上仰，匍匐爬行于箱底或箱壁，也可爬出巢门外死亡。病群的采集力明显下降。

目前，对寄生蜂无好的防治法。在寄生蜂对蜜蜂危害不太严重情况下，可考虑不加以防治，若寄生率较高可采取结合防治巢虫方法，定期清理箱底裂缝和蜡屑杂物，减少虫蛹，捕捉巢内寄生蜂成虫，减少成虫的产卵机会。

3. 黄蜂（*Vespula*）

黄蜂（图10－14）不是蜜蜂重要的捕杀者，一般只捕食死亡或将死的蜜蜂。在秋季和冬初蜂群结成冬团期间，黄蜂盗蜜相当严重。危害蜜蜂有*Vespula germanlta*等种类。

防治方法同胡蜂。其次还可用1%的灭蚁灵加0.5%的庚巴豆酸盐作为引诱剂，或用庚丁酸盐做诱饵防治黄蜂。

4. 蜂狼（*Philanthus*）

蜂狼是一种独居的掘地蜂，有几种可捕食蜜蜂成蜂用以哺育幼虫，危害性最大的蜂狼当属欧洲蜂狼（*Philanthus triangulum*）。它们的巢穴多选择在有碱的垃圾堆，也可选择在沙壤、公路的裂缝以及房子的墙基处。雌性蜂狼既可捕食花上的采集的蜜蜂，也可在蜂箱巢口捕食采集蜂。蜂狼捕杀成蜂主要是吸取蜜蜂内的花蜜和血淋巴，然后将其抛弃。受危害死蜂腹部强烈收缩。

图 10－14　黄蜂及其蜂巢

5. 蚁蜂（*Mufilla*）

蚁蜂，也叫绒丝蚁，是一类独居的寄生蜂，雌性个体没有翅。蚁蜂可从蜂箱获取蜂蜜，杀死成蜂和幼虫。严重时，一只蚁蜂一天可杀死几百只蜜蜂，被杀死的蜜蜂，腹部收缩，喙、足和翅向前伸。蜜蜂对高度骨化的蚁蜂似乎无能为力。据报道，可危害蜜蜂的蚁蜂有以下 3 种：*Mufilla europea*；*Mufilla differens*（分布于德国与澳大利亚）和 *Mufilla coccinea*（分布于美国）。

6. 其他蜂类

在一些国家，蜂巢口常可发现熊蜂，它们可进入蜂箱或在暴露的巢脾上盗取蜂蜜。在南美，一些无刺蜂可掠夺靠近森林边缘的西方蜂的蜂蜜。它们用巨大的上颚腺分泌出稍有腐蚀性的液体将蜜蜂浸透，造成蜜蜂迷失方向，相互残杀。另外，一种体大且凶猛的麦蜂（*Melipona flavipennis*）严重时，可将整个蜂场毁掉。

防治行窃的麦蜂、无刺蜂和熊蜂，可用艾氏剂加进糖浆吸引这些蜂类，让他们盗取后返巢，可杀死蜂巢其他个体。只要能网捕到营社会性生活，危害蜜蜂的蜂类，均可参考胡蜂防除方法。

蜜蜂属的种间与种内的相互盗夺也对蜂群本身造成极大危害。西方蜜蜂往往会掠夺东方蜜蜂的贮蜜，造成东方蜜蜂弃巢逃亡。大蜜蜂也可盗夺东方蜜蜂贮蜜，但无法盗夺西方蜜蜂的贮蜜。在凉爽清晨或夜间以及冬季期间，西方蜜蜂结团，东方蜜蜂偶尔也可盗夺西方蜜蜂群的贮蜜。

蜂群间的相互盗夺，不仅影响整个蜂场的管理，还可造成疾病的迅速传播，其危害结果甚至超过其他病虫敌害的危害。对于普遍起盗的蜂场，只宜将起盗群尽快迁移。

第四节　危害蜜蜂的甲虫

鞘翅目昆虫常称甲虫，数目众多，幼虫和成虫在生活史及取食习性上差异较大。许多虫是蜜蜂的害虫，但多数危害不太严重，只能居住在弱群内，蜂箱的残屑或贮存的巢脾上。

一、步甲科

此科（Carabidae）步行虫为活泼的具捕食性的甲虫。它只是偶然在蜂巢口捕食蜜蜂，一般不会造成太大危害。捕食蜜蜂的步甲有 *Carabus anratus* L. 和 *Calosoma sycophanta* L. 。如果在某地域步甲较多，可加强蜂群群势来保护蜂群。

二、花金龟科

此科（Cetonidae）金龟子（*Protaetia aurichalce* F. ）可严重危害印度蜂和取食贮存花粉。此外，*Cetonia cupria* 金龟子还可危害西方蜜蜂的交尾群。缩小巢门口，或安装巢门限制器，阻止其进入蜂箱即可。

三、郭公虫科

此科（Cleridae）郭公虫（*Trichodes apiarius* L. ）小型黑色，具红带，它不仅常取食死亡或将死的蜜蜂，也可危害蜜蜂幼虫，钻隧道破坏巢脾。此外，这种郭公虫常出现在花上，偶尔捕食花上的采集蜂。防治的最好方法是维持蜂群强壮和健康，清扫蜂箱残屑。

四、皮蠹科

此科（Dermestidae）危害蜜蜂主要是 *Dermestes* 和 *Trogoderma* 二属的皮蠹。它们一般危害蜂箱的木质部和巢脾，在巢脾上钻出的隧道可作为其他蜂箱内害虫的栖息地。此外，皮蠹成虫和幼虫还可取食花粉和蜜蜂幼虫残体。皮蠹还会危害巢蜜，留下粪便和幼虫蜕皮壳，使巢蜜无法出售。采用熏蒸药物熏蒸效果好，参考蜡螟的防治方法。

五、芫菁科

此科（Meloidae）危害蜜蜂的芫菁有以下几种：

复色短翅芫菁（*Meloe variegatus* Donovon）、曲角短翅芫菁（*Meloe proscarabaeus* L.）及其他种类，如 *Meloe cavensis*、*Meloe hungarus*、*Meloe faveolatus*。

蜜蜂的地胆病就是由芫菁科、地胆属的幼虫侵袭造成的，以复色短翅芫菁危害较重。

1. 分布与危害

复色短翅芫菁广布于北美、欧洲和亚洲。地胆病是一种季节性病害，多发生于每年5~6月，有时也发生在7~8月。在美国，有4种芫菁可危害蜜蜂。在我国新疆和安徽局部地区也曾有发生芫菁危害。当发病严重时，每群蜂在一天中有上百只，甚至上千只芫菁，使采集蜂大量死亡，群势迅速下降。

2. 形态特征

复色短翅芫菁成虫体为铜绿色，间有紫红色，长19~33mm；幼虫呈黑色，头部三角形。体长3.0~3.8mm。曲角短翅芫菁成虫体为黑色，且带有蓝色，体长16~33mm；幼虫呈黄色，头圆形，体长1.3~1.8mm。

3. 生活史及习性

地胆的成虫，常栖息于草地、田园、旷野、小树林或果园里，以杂草和灌木等植物为食，并不伤害蜜蜂，雌成虫一生可在土上产卵1 000~4 000粒。卵孵化后成为第一龄幼虫三爪蚴，它非常活泼，离开土壤后可爬上花，栖息于十字花科、菊科、豆科、蝶形花科和唇形花科等植物上，在那里等待采集蜂。如果有蜜蜂靠近三爪蚴，它就附着在蜜蜂多毛的体上，随蜜蜂进入蜂箱蜕皮成为二龄幼虫，真正在蜂箱内寻食蜂卵和幼虫并可取食花粉和蜂蜜。第3~5日龄的幼虫形如蛴螬状，足基本无多大用处。6日龄幼虫足退化，体色变黑成为假蛹，处于休眠阶段。7 日龄幼虫无足、白色、体小，不食不动，很快转为真蛹，最后羽化成芫菁。

在三爪蚴时期钻入蜜蜂的胸部和腹部的节间膜处，强烈地吮吸蜜蜂的血淋巴，造成蜜蜂迅速死亡，然后离开死蜂再危害其他成蜂。一般来说，有地胆病的蜂群，三爪蚴寄生率为 1% ~3%，最高可达 10%，在蜜蜂体上常可找到 5 ~6 只的三爪蚴，附着紧固，难以去除。此外，地胆幼虫还可危害雄蜂和蜂王，造成蜂王的死亡。

六、露尾甲科

此科（Nitidulidae）是一种甲虫，也称蜂箱小甲虫（*Aethina tumida* Murray），被看成与大蜡螟具有同等危害性的虫害。这种小甲虫长只有 0.5cm，成虫和幼虫均可在蜂箱内危害（图 10 – 15）。

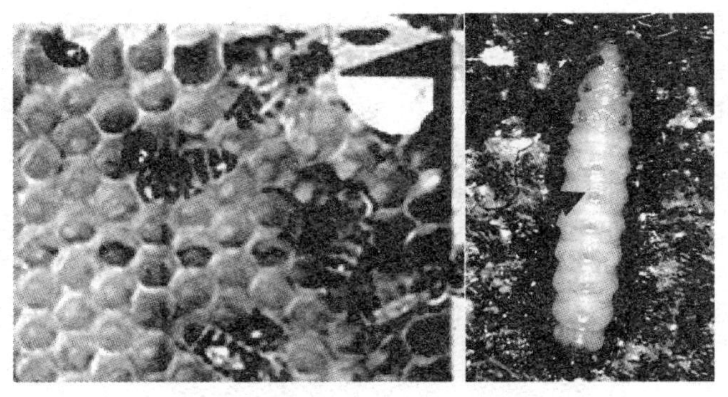

图 10 – 15　蜂箱小甲虫成虫（左）和幼虫（右）

蜂箱小甲虫广泛分布于非洲热带和亚热带地区，夏季活动频繁，可繁殖 5 代。小甲虫在蜂箱内度过卵、幼虫和成虫阶段，蛹期在土壤中度过。这种小甲虫成虫主要聚集在蜂箱后部，取食从育虫箱上丢下的花粉。在取食寻找蜂蜜和花粉中，小甲虫会危害巢脾。小甲虫的幼虫无法在只有蜂蜜的食料上生存。蜂箱小甲虫等鞘翅目的甲虫类，维持蜂群的强群是最好的预防方法，一旦危害蜂群，可用熏蒸的方法处理，能脱蜂的，可采用熏蒸巢脾的方法，不能脱蜂的，可用燃烧烟叶的方法熏蒸。

七、珠甲科

此科（Ptinidae）中蛛甲（*Ptinus fur*）会危害和毁坏弱群内的巢脾或贮

存的巢脾，也会取食蜂箱内贮存的花粉。在澳大利亚 *Ptinus* 属个体可栖息在蜂箱的残屑中。蛛甲（*Ptinus califoricus* Pie.）危害野生蜂。危害贮存巢脾的珠甲可参考熏蒸蜡螟的方法保护巢脾。

第五节　其他危害蜜蜂的昆虫

主要包括缨尾目、蜻蜓目、螳螂目、蜚蠊目、革翅目、等翅目、啮虫目、半翅目、脉翅目、广翅目、蛇蛉目、捻翅目中危害蜜蜂的种类。

一、缨尾目

缨尾目（Thysanura）衣鱼是小型细长昆虫（图 10－16），尾部有 2～3 根尾状附肢，体躯复有鳞片。常见危害蜂群有衣鱼属（*Lepisma*）的种类，它们有时在蜂箱大量出现，寻找取食蜂蜜。衣鱼虽靠蜂蜡生存，但一般不明显危害巢脾。大量的衣鱼排泄物可污染蜂蜜和巢脾。衣鱼的防治一般只需维持蜂群强壮即可。如果数目巨大，可将巢脾移到新巢箱。

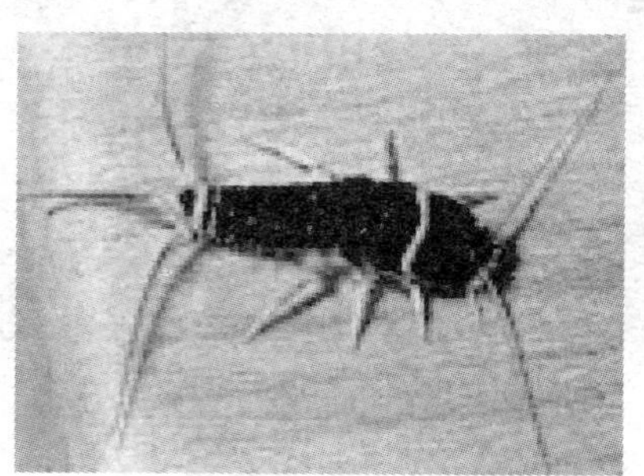

图 10－16　衣鱼

二、蜻蜓目

蜻蜓目（Odonata）的一些较大型的蜻蜓，如蚊钩或织针，会捕食蜜蜂。它们在空中飞行，用 6 个足并成筐状捕捉飞翔的蜜蜂。它们在育王场捕食蜂王，使处女王婚飞后无法返巢。在蜂场捕食工蜂以致无法进行笼蜂的生产。在欧洲，一种称之为 *Aeschna grandis* 的蜻蜓，严重捕食蜜蜂，致使蜂场蜜蜂不发生分蜂，也不从事采集。

三、螳螂目

螳螂目（Mantodea），有报道螳螂捕食蜜蜂。常见捕食蜜蜂的螳螂有中华螳螂（*Parasenodera senensis*）、薄翅螳螂（*Marntis ligiosa*）等。它们在巢门口或花上，捕食出巢采集蜂或花上的采集蜂。螳螂捕食蜜蜂不太严重，只需将蜂箱壁的卵囊刮除并用喷烟将之毁除。

四、蜚蠊目

危害蜂群的蟑螂有 *Blatta orientalis* 和 *Periplaneta americana* 二种。蟑螂一直被看成蜜蜂弱群的害虫。它们栖息在弱群内，生活在蜂箱的内盖与外盖之间，将卵产于巢脾上。小蟑螂可躲在巢房里，啃食巢脾、巢础以及取食蜂蜜。此外，蟑螂在蜂群内大量繁殖，不仅严重干扰蜂群的正常活动，还会释放难闻的气味和分泌物，直接污染蜂蜜。强群是防御蟑螂最有效方法。让蜜蜂自由通向蜂箱的所有地方，并有足够多的蜜蜂充塞其间，就可使蜂箱内的蟑螂无法建立种群而被赶出箱外。

五、革翅目

革翅目（Dermaptera）中的蠼螋是具有大的钳状尾部的细长昆虫（图10－17），白天躲在裂缝间隙，夜间行动。危害蜜蜂的为 *Forficula auriculoria*，它夜间进入蜂箱，躲在箱盖下和箱壁裂缝处，取食蜂蜜和伤亡的蜜蜂的软组织，有时还可刺穿封盖子，其排泄物和食料的残渣会污染巢脾。另外，蠼螋还可携带欧幼病的细菌。

图10－17 蠼螋

六、等翅目

白蚁（Termitidae）像蜜蜂一样营社会性生活，主要有 2 种类型：栖息地下或地表的白蚁和生活在干木或房屋上的干木白蚁。它们均以取食植物组织的纤维素为生。白蚁危害蜂箱，关键要保护箱底和箱垫。用红木做蜂箱，或将蜂箱置于金属箱垫和红按树的木桩上，可以保护蜂箱不受白蚁危害。另外，也可将所有木箱和底板用五氯酚进行油漆，或用焦炭包埋白蚁的隧道。

七、啮虫目

啮虫目（Corrodentia）的书虱（*Liposcelis* spp.）（图 10－18）多以霉斑、真菌、花粉和死昆虫为生，偶尔也会生活在蜂群里。大量的啮虫可在死蜂和蜂箱底部的残屑中出现，也可出现在蜂箱的隔离物和蜂箱盖的覆布上。它们主要取食花粉残余或巢虫卵，对蜂群无多大重要性。不过，但有人认为，啮虫很可能传播蜂病，建议清理蜂箱，保持箱内卫生。

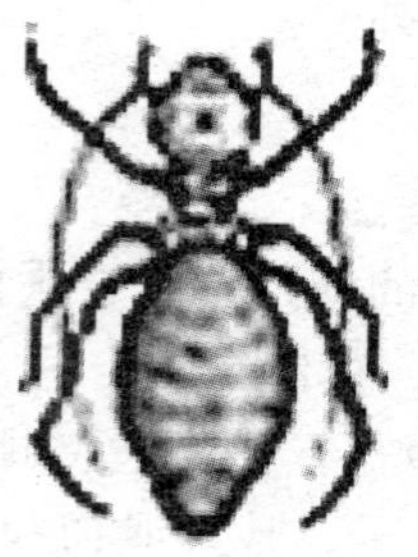

图 10－18　书虱

八、半翅目

半翅目（Hemiptera）中有些种类具凶猛捕食性，通常在花上和花附近取食采集的蜜蜂。猎蝽科（Reduriidae）种类是蜜蜂危险的捕食者。猎蝽科椿象常见于蜂箱内，也常落在花上捕食访花蜜蜂和野生蜂，严重时也可杀死数百只蜜蜂。在捕食性猎蝽大量出现的时候，最明智方法就是搬迁蜂场和保持蜂群的健壮。

九、脉翅目

脉翅目（Neuroptera）种类多为捕食性，常见为草蛉（*Chrysopa* spp.）（图 10－19）。捕食蜜蜂，可能是夜间偶尔侵入的，危害不大。

图 10－19　草蛉

十、广翅目

广翅目（Megaloptera）的鱼蛉（Corydalidae）（图 10－20）也捕食蜜蜂。

图 10－20　鱼蛉

十一、蛇蛉目

蛇蛉目（Raphidiodea）的蛇蛉（Raphidiidae）（图 10－21）也捕食蜜蜂。

图 10－21　蛇蛉

十二、其他

植物螨，如枇杷虱等（图 10－22）。寄生于枇杷花上，蜜蜂采集枇杷花时，转移至蜜蜂体上。多集中在蜜蜂的头与胸、胸与腹的交界处，不吸食蜜蜂血淋巴，但骚扰蜜蜂，影响蜜蜂的正常活动。若量大，则以迁场为宜，或在傍晚于喷烟器中燃烧烟叶，熏烟驱螨。

图 10－22　附着在蜜蜂胸部的枇杷虱

第六节　线　虫

线虫是多种昆虫的天敌，但侵染蜜蜂只是一种偶然的现象。每年 6～7 月雨季期间，线虫会出现在土壤表面，在可利用的叶片上产卵。采集水分的蜜蜂可能在取食叶片上的露水的同时，取食了线虫卵。这些线虫卵在蜜蜂消化道内孵化，幼虫穿过消化道壁进入体腔，成熟后再钻出寄主体壁，回到土壤里。

在美国、瑞典、巴西以及其他欧洲地区，报道可侵染蜜蜂的线虫有（*Mermis submigrescens*）等种类。此外，线虫还可感染蜂王的卵巢，使蜂王卵巢失去功能。

线虫少见，无需防治。

第七节　两栖类

早在亚里士多德时代，人们就知道蛙和蟾蜍会捕食蜜蜂。在北美，蛙和蟾蜍很少被当做蜜蜂的敌害。在我国南方水稻区和林区，蛙和蟾蜍种类众多，大量捕食昆虫和小动物，在生态系统中起一定自然控制作用。当外界食料少的情况下，蛙和蟾蜍将成为山区和林区边缘的蜂群的严重敌害，甚至毁掉蜂群。

一、分布与危害

蟾蜍科（Bufonidae）除新几内亚、澳大利亚、波里西亚和马达加斯加以外，分布于世界各地。这一科有10个属，但以 *Bufo* 属的蟾蜍对蜜蜂危害最大。国外报道取食蜜蜂的蟾蜍主要有 *Bufo marinus*、*Bufo boreas*、*Bufo bufo*、*Bufo spinosus*、*Bufo viridus* 和 *Bufo vnlgaris*。*Bufo marinus* 原产于美洲热带地区，后扩散至多米尼加共和国、马丁尼克岛和其他加勒比海海岛。*Bufo bufo* 原产欧洲，现已扩至太平洋各国。在北非、南非、印度等地，均有报道蟾蜍捕食蜜蜂。蛙类（Ranidae）在所有大陆均可发现，最大一属 *Rana* 在世界共有400种，美国有27种。报道只有3种蛙 *Rana esculenta*、*Rana temprararia*、*Rana catesbeiana* 能捕食蜜蜂。显然蛙类对蜜蜂危害不如蟾蜍严重。

在我国山区和稻区，蛙和蟾蜍种类众多，分布很广，主要有中华大蟾蜍（癞蛤蟆）、泽蛙、雨蛙、林蛙、狭口蛙和黑斑蛙等，其中，以癞蛤蟆对蜜蜂危害最大。每只蟾蜍一晚上可吃掉数十只到100只以上的蜜蜂。

二、生物学特性

蟾蜍白天多隐藏于石下、草丛、石洞、蜂箱底，黄昏出现于草地或路旁，夜晚出来捕食。在天热的夜晚，蟾蜍会待在巢门口，捕食出现在巢门口的蜜蜂（图 10－23）。蟾蜍捕食量相当大，一只 *Bufo bufo* 蟾蜍 1h 可捕食 32 只蜜蜂。

图 10－23　傍晚于巢门口捕食蜜蜂的蟾

两栖类包括青蛙、蟾蜍，都是农业上的有益生物，不宜捕杀，只能将蜂箱垫高（约 20cm），避免其捕食。

第八节　鸟　类

鸟作为蜜蜂的捕食者已有悠久的历史。早在亚里士多德时代就已记录山雀科的小山雀会捕食蜜蜂，以后人们发现蜂鸟（Meropidae）、蜂蜜指示鸟（Indicatoridae）、啄木鸟科的绿啄木鸟、伯劳科的红背伯劳以及雨燕科和 Tyrannidae 也是蜜蜂重要或次要的捕食者。在过去的 100 多年，英国和美国的养蜂资料表明，鸟并不是当地的蜜蜂主要敌害，只是给育王带来困难。然而，在世界许多地方，特别是非洲和亚洲，鸟类捕食蜜蜂构成很大问题，其中以蜂鸟和蜜蜂指示鸟最为重要。

据记载，我国鸟类 1 100多种，以昆虫为食的鸟类约占 50%，常见食虫鸟约有 15 科 23 种。捕食蜜蜂的种类在我国主要有蜂虎、蜂鹰、鸟翁、啄木鸟以及山雀等。

捕食蜜蜂的鸟类可分为 3 大类，主要蜜蜂捕食者、次要蜜蜂捕食者和杂食蜜蜂捕食者。

一、主要捕食者

1. 蜂鸟（Meropidae）

蜂鸟分布于整个东半球的温带和热带地区，多数鸟类具迁移性。这一科可分为 7 个属 24 种，多数是蜜蜂重要的捕食者。在非洲草原地带有 14 种蜂鸟会捕食蜜蜂，在其取食昆虫中，有 30% 为蜜蜂。在澳大利亚昆士兰，危害蜜蜂主要是食蜂鸟（*Merops ornatus*）。在前苏联阿塞拜疆，危害蜜蜂主要是 *Merops supercillosus* 和 *Merops apioater*。

蜂鸟主要取食有毒的膜翅目昆虫。虽说粉红蜂鸟（*Merops nubicus*）主要取食蝗虫，但蜜蜂仍是其重要的食料。蜂鸟是在飞行中捕捉蜜蜂，然后返回栖息地取食。蜂鸟喜群居，栖息地可在蜂场附近的树干、土坡（图 10－24），也有的栖息在蜂箱。蜂鸟有时可成群 250 只左右进攻蜜蜂，造成对蜂群的严重威胁。

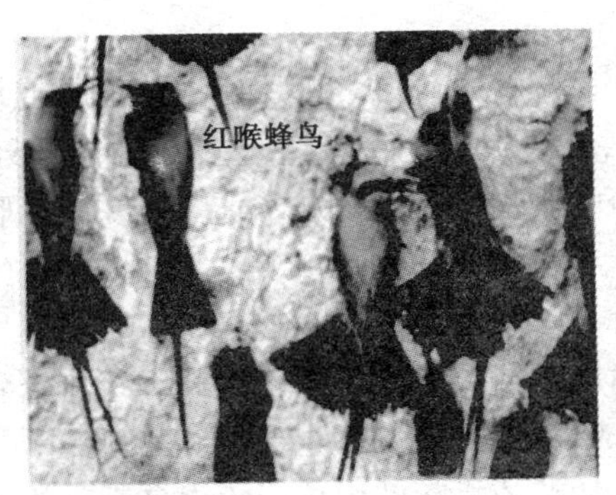

图 10－24　群居于土坡的红喉蜂鸟

蜂鸟在行为上会表现出一种本能的取食顺序以避免挨蜇叮或吞食毒液。红喉蜂鸟（*Merops bullodki*）表现最为独特。它们将捕捉的工蜂带回鸟巢，先将昆虫头部进行摔打，然后将昆虫腹部靠栖息处做摩擦，从而将工蜂的毒液排出。有趣的是，老的蜂鸟对这方面需求更为注意，它们甚至将雄蜂也当成有毒的工蜂。

2. 蜂蜜指示鸟（Indicatoridae）

此科有 4 个属 11 种，其中有 9 种生活在非洲，撒哈拉沙漠南部，余下 2 种生活在亚洲，1 种在喜马拉雅山，另外一种生活在缅甸、泰国、苏门答腊、马来西亚和婆罗州。这些蜂蜜指示鸟除在本地活动外，没有什么迁移性。

这一科的鸟是建立在与其他动物的共生关系基础上的，有2种鸟是与某种哺乳动物一起发育，通过引导哺乳动物的共生者前往蜂巢以获取食料。几乎所有蜂蜜指示鸟都是以蜂蜡为食料的。

指示鸟对人或其他哺乳动物的导向相当独特。在准备导向时，指示鸟会做一系列绕圈子飞行，后停在某处招呼人向它靠近。并发出一种类似于迅速摇动一个半满火柴盒的声音。当人靠近时，指示鸟会在远离人4.5～6m飞行，不断地鸣叫，扇动着翅膀，露出白色的尾羽。通过这种行为，指示鸟不断地将人引向蜂巢附近，然后隐秘地停在附近的树上或灌木上，在那里等待着掠取蜂巢。

二、次要捕食者

1. 啄木鸟（Picidae）

啄木鸟科分布于除马达加斯加、澳大利亚、巴布亚地区及最北地区和多数海岛以外的世界各地。此科有208种，多数种类具迁移性。绿色啄木鸟（*Picus viridis*）、臣斑啄木鸟（*Dryobates major*）。在前苏联、英国和法国至少是蜜蜂次要的敌害。在我国，本科常见是大斑啄木鸟（*Dendrocopos major*），有8个亚种，遍布除西藏和台湾外的全国各地。

啄木鸟是以啄凿腐朽或局部心腐树干为巢，每年繁殖一次，取食昆虫量较大，在一些地区，啄木鸟对害虫的控制起很大作用。啄木鸟嘴巴强直如凿，舌细长能伸缩自如，依靠啄破树皮，啄木鸟舌可钩出害虫而食之。在冬季，啄木鸟缺乏正常的食物来源时，会危害蜂群。它们在巢门前啄洞，通过内陷的蜂箱提手处，尽力钻进蜂群，造成蜂箱千疮百孔（图10－25)，同时给老鼠危害蜂群创造条件。

2. 大山雀（Paridae）

山雀科种类几乎分布于整个东半球。在西半球的分布包括从北美至危地马拉，多数种类具迁移性。在前苏联阿塞拜疆、英国和南欧地区均有大山雀危害蜜蜂的报道。

已知捕食蜜蜂的山雀种类有大山雀（*Parus major*）、兰山雀（*Parus caeruleus*）、里海大山雀（*Parus major* Rarelin）、高加索长尾山雀（*Aegithalae*

图 10－25 被啄木鸟损坏的蜂箱

caudatus）。在我国也主要是大山雀种类。大山雀在冬季对养蜂业危害较大，它们会引诱箱中蜜蜂，然后将其吃掉。在夏季数个月中，山雀也会捕食大量蜜蜂，但多数为地面的死蜂，带回鸟巢饲喂后代。

3. 伯劳（Laniidae）

伯劳科种类分布于整个非洲、欧洲、亚洲和北美。北部种类具迁移性。在前苏联阿塞拜疆等地报道伯劳危害蜜蜂。

捕食蜜蜂的伯劳种类主要是高加索红尾伯劳（*Lanius cristatus* Robylini）、红背伯劳（*Lanius minor*）、灰色伯劳（*Lanius encubitor*）以及 *Lanius elegans* 伯劳。伯劳平时栖息于平原或山地的树木或灌木顶部，神态凶猛，降望四周，一见饵物即直飞急下，捕获后，再返回所栖枝上。每年 5～7 月繁殖，此时也是伯劳捕食蜜蜂时期，但其危害蜜蜂的重要性尚无法估计，伯劳取食主要是鞘翅目和鳞翅目的害虫，因此，作为一种益鸟没有充足理由对其进行射杀防治。

4. 燕子（Apodidae）

除北美、亚洲北部、南美和一些岛屿外，燕科种类分布于世界各地。其中一种最主要的蜜蜂捕食者为刺尾燕子（*Chaetura dubia*），刺尾燕子整年可在蜂场上出现，但多数出现在凉爽、多云和多风的天气。这种鸟飞进蜂场时，可有 300 多只成群攻击蜂群，从 8:00～15:00，这种鸟最经常出现在蜂场。通过解剖发现，刺尾燕子主要是取食蜜蜂，有西方蜜蜂、东方蜜蜂以及大蜜蜂，它们主要是取食工蜂。工蜂的蜇针和毒液似乎对鸟无致命作用。

三、杂食性捕食者

蜜蜂作为社会性昆虫常聚集生活。许多鸟类是以蜜蜂为食料的。经观察可偶尔捕食蜜蜂的鸟类有数十种，但没有一种是蜜蜂的严重敌害。

许多鸟类（如 Flycatchers，Muscicapidae 燕子和 Hirundinidae 的种类）均会偶尔捕食蜜蜂，甚至鸭子也会取食蜜蜂。有一种专一性强的食虫鸟（*Pernis apivorus*），其食料主要是膜翅目如胡蜂和熊蜂的幼虫，偶尔捕食一些成年蜜蜂。Dicruidae 科许多种类偶尔也可捕食蜜蜂。一些乌鸦（如 *Dicrurus macrocercus*、*Dicrurus aster*）会在多云天气飞进蜂场捕食蜜蜂。*Dicrurus adsimilus* 鸟被看成养蜂业的一大障碍，它们停在蜂箱上，捕捉出入蜂巢的蜜蜂。

鸟类是人类的朋友，我国鸟类基本上都是国家二级以上保护动物，不得捕杀。当在某地鸟类集中捕食蜜蜂时，只能迁场躲避，以减少蜂群损失。

第九节 哺乳动物

在一些地区，某些哺乳动物可能是蜜蜂一种严重敌害。熊对蜂群和整个蜂场的危害是众所周知的。就人本身来说，可因为使用药剂而危害野外采集蜂或整个蜂群。啮齿类的松鼠和老鼠常进入蜂群巢穴筑巢和捕食，骚扰蜂群。臭鼬和獾会在夜间出来捕食和危害蜂群，致使蜜蜂凶猛异常，不好管理。

一、食虫动物

食虫动物是有胎盘动物中个体最小且最活泼的种群。它的食性较杂，以食昆虫为主。多数夜间出动，适应于钻洞或树上生活。已知食虫动物中有2种可捕食蜜蜂：一种是欧亚大陆的刺猬，一种是北美和欧亚大陆的鼩鼱。

1. 刺猬

一种常见的刺猬（*Erinaceous europaeus*），生长在欧亚大陆。刺猬是夜间活动，主要取食昆虫和一些小哺乳动物、鸟蛋或植物组织。在缺乏食源时，刺猬可捕食蜜蜂。在夜晚，蜜蜂在巢门前悬挂或在底板活动对刺猬特别有吸引力，它们特别喜吃携载花蜜的采集蜂，在巢门前对蜂群进行骚扰。偶尔刺猬也会取食养蜂员检查蜂群时剔出的雄蜂幼虫。

2. 鼩鼱

鼩鼱是属于 Sorcidae 科的一种小型哺乳动物。鼩鼱属夜间活动，主要捕食昆虫、蜗牛和蚯蚓。通过不断地取食来维持高的代谢率。目前已知可危害蜂群的鼩鼱主要有家鼩鼱（*Crocidura aranea*）、小鼩鼱（*Sorex pygmaeus*）、普通鼩鼱（*Sorex vulgaris*）、林木鼩鼱（*Sorex aranus*）和一种最小鼩鼱（*Cryptotis parva*）。

在冬季除了在蜂箱上钻洞和蜂箱内筑巢外，也会骚扰越冬团。特别是小型的鼩鼱，它们可取食大量的越冬团蜜蜂。由于鼩鼱个体小，又在夜间活动。因此，它的危害常会归为老鼠的危害。除此之外，鼩鼱的骚扰也会造成蜂群痢疾和孢子虫病的增加，在蜂箱底会出现没有翅膀、胸部掏空的蜜蜂尸体。

防治方法为垫高蜂箱，防止食虫动物侵犯蜂群。

二、啮齿动物

有几种啮齿动物会危害蜜蜂，其中老鼠是蜜蜂的一种严重敌害。

1. 老鼠

老鼠是蜂群最普遍的敌害。在澳大利亚、南非、爱尔兰、英国、加拿大、夏威夷、美国、印度、日本、前苏联和中国，均有报道老鼠对蜜蜂的危害。

危害蜂群的老鼠主要是家鼠（*Mus musculus*）、森林鼠（*Apodemus sylvaticus*）2 种。

老鼠可取食花粉、蜂蜜和蜜蜂，常给蜂场造成很大的损失。在冬季，老鼠可从蜂箱破损处或巢门钻进蜂箱，咬掉箱内的巢脾和巢框进行筑巢，在蜂箱内毫无困难地越冬而不被蜜蜂蜇叮。另外，老鼠的危害还包括由它们粪便和尿液所产生的气味，造成蜂群春季放弃蜂箱。越冬群受老鼠骚扰，会使蜂团散开，增加越冬蜂痢疾的发病率，严重时，造成越冬群死亡。

2. 松鼠

松鼠是北美和欧洲一种蜜蜂敌害，常见种类为 *Sciurus carolinensus* 和 *Sci-*

urus vulgaris。松鼠主要是在冬季进入贮存的蜂具内，啃咬巢脾，取食蜂蜜和花粉。

防治可使用结实无破洞的蜂箱，采用越冬室越冬的蜂场，注意越冬室四壁无鼠洞，用毒饵毒杀老鼠。

三、食肉类动物

有几种食肉类动物是蜂群的敌害或次要敌害，它们不但取食蜂蜜，骚扰蜂群，破坏蜂箱，而且还经常将蜂箱推倒，造成巨大的损失。危害蜂群最主要的兽类是生长在亚洲地区的黄喉貂以及臭触类和熊类。

1. 黄喉貂（*Martes flavigula*）

黄喉貂（图 10－26）又叫黄青鼬，黑尾猫和蜜狗等，属鼬科，它广泛分布于亚洲地区和我国各地山林地区。

图 10－26　黄喉貂

黄喉貂是山区蜂群一种严重敌害。它们行为敏觉，白天黑夜成对在地面或树上出没无常，取食各种食物，如小型哺乳动物及鸟蛋、昆虫、水果和花上的花蜜等。每当冬春季节，天寒地冻，野果和食料稀少，黄喉貂就集中危害蜜蜂。它们夜间潜入蜂场，用利爪将蜂箱纱窗毁坏，或推翻蜂箱，盗食蜂蜜和子脾，造成蜂群秩序大乱，脾破蜜流，严重时整群被毁灭。

黄喉貂体形与家猫相似，体长 45～60cm，尾巴长，相当于体长的 3/4。黄喉貂的头部较细长，四肢较短，爪异常锋利，皮毛颜色斑驳，常见有深褐、黑色和黄色。头部背面、侧面、颈面、四肢和尾巴呈黑色，自肩上部到臀部为黄色至棕色，下颌到嘴角为白色，喉部为黄色，黄喉边具有黑带，腹部呈灰棕色或黄色，体重 1.5～3kg。

黄喉貂为国家二级保护动物，不得猎杀。山区遇黄喉貂危害，只能迁场。

2. 臭鼬

臭鼬是黄鼠狼科（Mustelidae）一类最主要的蜜蜂敌害，其中 *Mopnitis* 和 *Spilogale* 二属的种类对蜂群威胁最大。

臭鼬夜间活动。它的取食形式较为独特，危害蜂群时，它们先在蜂箱前地面扒挖，然后撕抓蜂箱的巢门口，取食受惊吓的成蜂。由于不断的扒挖，常在蜂箱前的地面上出现深达 15cm 的洞。臭鼬可在某一蜂箱前取食数小时，如果某一蜂群过于凶猛，它就转到其他蜂箱继续取食危害，一只臭鼬一晚可取食 100 多只蜜蜂。臭鼬除取食蜜蜂外，还喜吃蜂蜜和蜂蜡。在秋冬季，臭鼬对蜂群危害较大，它们常将蜂群的油毡布撕开，使蜂群暴露在恶劣的气候条件下；而在夏季，甲虫和蟋蟀成为臭鼬的主要食料，在这期间，臭鼬就很少危害蜂群。

四、熊类

熊是蜜蜂最大的敌害。熊科（Ursidae）有 8 个属，10 个种，其中，有 5 个种是蜜蜂的敌害。

1. 黑熊（*Euarctos americanus*）

黑熊曾广泛分布北美多数地区，有黑色、黄棕色和其他的各种褐色。体重在 90～255kg，体长平均 1.52m，平均高度有 89cm。

2. 褐熊（*Ursus arctos*）

褐熊曾广泛分布于北半球，从西班牙至前苏联、日本的温带地区。目前，只有苏联较为常见。它的体色变化较大，可从黄色至褐色，甚至黑色。这种熊体重可达 315kg 以上。

3. 蜜熊（*Melursus ursinus*）

蜜熊是一种体型小的熊，平均体重只达 103kg，长度仅为 1.53m。它有长长的粗毛，除在胸部上有白色或浅色的皮毛外，体色通常为黑色。这类熊分布在印度的森林地区，常取食树上的蜂巢或大蜜蜂暴露在外的巢脾，特别在黑夜会撞击大蜜蜂巢脾使守卫蜂混乱。

4. 亚洲黑熊（*Selenarctos thibetanus*）

亚洲黑熊与蜜熊体型相当。体色为黑，在下巴和胸部处有白色斑块。它分布在东亚，沿喜马拉雅山脉至中国、日本和西伯利亚地区。

5. 马来半岛的日光熊（*Helarctos malnyanus*）

马来半岛的日光熊是最小的熊，体长仅 1m，体重不到 65kg。体色黑，具有橙色或浅色的胸乳部、鼻腔部和足。它们主要出现在东南亚一带。

熊的共同特点具有头大，短尾和短而圆的耳朵。足有 5 趾，具有强壮而伸缩的爪。擅长攀缘和游泳，有很强的嗅觉和听觉能力。

熊在有异常自然条件如野火、干旱或缺少浆果和橡树籽时，对蜂群可造成更大的危害。它们一旦尝到蜂群幼虫和蜂蜜的味道，就很难将它们从蜂场驱赶出去，甚至电网也无法阻止它们。一只熊一个夜晚可毁掉 1 ~ 3 群蜜蜂，严重时可将整个蜂场完全毁掉。熊会将蜂箱搬离一段距离后才毁掉蜂箱，取食幼虫和蜂蜜，有时也取食蜜蜂（图 10 – 27）。

图 10 – 27　正在翻动蜂群的熊

熊为国家保护动物，不得猎杀。国外一般采用将蜂场用电网的方式保护蜂场，利用高压电流打击触网的熊只，但不危及其生命。

五、灵长目动物

近年来许多学者认为，人已成为蜜蜂越来越严重的敌害。人类的活动导致蜜蜂许多种病虫害的传播。人类的偷盗、危害蜂箱、广泛使用杀虫剂，每年均使数以万计的蜂群遭到破坏，成为某些地区养蜂业的一大祸害。

3 种其他灵长目动物，猴子、狒狒和猩猩，据知也是蜜蜂的敌害。在印度，有一种黑面猴会打开蜂箱，取走和毁坏巢脾。蜜蜂的蜇叮似乎无法将猴子赶走。预防这种黑面猴的危害是用铁丝将蜂箱顶部固定在蜂箱的垫基上，使猴子无法打开箱盖进行危害。

狒狒和猩猩也可危害诱捕的蜂群和野生蜂巢，它们会重复翻动蜂箱，造成巢脾与巢框的分离，取食巢脾上的蜂蜜。在热带地区，猩猩还可以成群危害岩壁上的野生蜂巢，它们用棍子捅野生蜂巢，取食棍上的蜂蜜，或直接取走成片巢脾与其他猩猩分享。

主要参考文献

[1] 陈大福，梁勤．蜜蜂白垩病的研究进展［J］．蜜蜂杂志，2001（1）：3～4.

[2] 陈大福，梁勤．蜜蜂白垩病的研究进展［J］．蜜蜂杂志，2001（2）：10～13.

[3] 陈耀春等．中国蜂业［M］．北京：农业出版社．1993：52～54.

[4] 范正友等．蜜蜂白垩幼虫病在我国首次发现［J］．中国养蜂，1991（4）：23.

[5] 梁勤等．意蜂（*Apis mellifera*）“死蛹病”及其病原观察初报［J］．福建农学院学报，1987，16（4）：345～347.

[6] 梁勤等．过早春繁、弊多利少——谈“爬蜂病”与过早春繁的关系［J］．中国养蜂，1990（4）：8～9.

[7] 梁勤等．蜜蜂中肠酪素酶与孢子虫病的关系［J］．中国养蜂，1994（1）：9～10.

[8] 梁勤，陈大福，王建鼎．营养生态条件对蜜蜂球囊菌生长及产孢的影响［J］．中国生态农业学报，2001，9（4）：31～34.

[9] 梁勤，陈大福．蜜蜂保护学［M］．第2版．北京：中国农业出版社．2009：73-135，181～194.

[10] 梁勤，陈大福，王建鼎．温度、相对湿度和pH对蜜蜂球囊菌孢子萌发的应用生态学报［J］．应用生态学报，2002，11（6）：869～872.

[11] 李江红，郑志阳，陈大福，梁勤．影响蜜蜂球囊菌侵染蜜蜂幼虫的因素及侵染过程观察［J］．昆虫学报，2012，55（7）：790～797.

[12] 苏松坤，湛毅，蔡芳，刘芳，陈盛禄．蜂群崩溃失调病（CCD）研究进展．中国蜂业，2007，58（11）：5～7.

[13] 王建鼎，梁勤等．蜜蜂马氏管变形虫病在中蜂上首次发现［J］．中国养蜂，1983（5）：15～17.

[14] 王建鼎，梁勤．蜜蜂马氏管变形虫病（*Malpigamoeba mellifecae*）暴发流行［J］．蜜蜂杂志，1983（6）：38～39.

[15] 王建鼎等．胡蜂生物学及其防治法的研究［J］．蜜蜂杂志，1991（6）：3～5.

[16] Allen M F，B V Ball. The incidence and world distribution of honeybee viruses［J］. Bee World，1996，77：141～162.

[17] Benjeddou M，Leat N，Allsopp M，Davison S. Development of infectious transcripts and genome manipulation of Black queen-cell virus of honey bees［J］. Journal of General Virology，2002，83：3 139～3 146.

[18] Berényi O，Bakonyi T，Derakhshifar I，et al. Phylogenetic analysis of deformed wing virus genotypes from diverse geographic origins indicates recent global distribution of the virus［J］. Applied and Environmental Microbiology，2007，73（11）：3 605～3 611.

[19] Cox-Foster D L，Conlan S，Holmes E C，et al. A metagenomic survey of microbes in honey bee colony collapse disorder［J］. Science，2007，318（5848）：283～287.

[20] De Miranda J R，Drebot M，Tyle S，et al. Complete nucleotide sequence of Kashmir bee virus and comparison with acute bee paralysis virus［J］. J. Gen. Virol.，2004，85（8）：2 263～2 270.

[21] Fujiyuki T，Takeuchi H，Ono M，et al. Novel insect picorna-like virus identified in the brains of aggressive worker honeybees［J］. J. Virol.，2004，78（3）：1 093～1 100.

[22] Govan V A，Leat N，Allsopp M and Davison S. Analysis of the complete genome sequence of acute bee paralysis virus shows that it belongs to the novel group of insect-infecting RNA viruses［J］. Virology，2000，277（2）：457～463.

[23] Higes M，Garcia-Palencia P，Martin-Hernandez R，Meana A. Experimental infection of *Apis mellifera* honeybees with *Nosema ceranae*（Microsporidia）［J］. Journal of Invertebrate Pathology，2007，94：211～217.